친환경 축산관리실 운영매뉴얼

농촌진흥청

들어가는 말

시군농업기술센터 친환경축산관리실은 종전 가축질병진단실로 시작하여 축산 미생물 생산 공급이라는 중요한 역할을 수행하였으며, 미생물 활용 기술은 축산농가들의 환경개선과 생산성 향상 등에 많은 도움을 주었다. 미생물 활용은 축산 뿐만아니라 일반 경종농가에까지 확대되어 시군농업기술센터에서 농업미생물배양실을 운영하는 기반을 마련하였으며, 미생물 공급이 농업인들에게 꼭 필요한 중요한 업무가 되는데 기여하였다.

친환경축산관리실에서는 미생물 생산 공급 뿐만 아니라 축사 유해가스 측정, 고온기 환경측정, 가축질병 방역교육, 초음파 육질진단, 송아지 설사병 검사, 자가배합 섬유질배합사료(TMR) 성분분석, 초유은행 운영 등 지역 축산 특성에 맞는 다양한 업무를 추진하고 있다. 특히, 초유은행은 젖소농가의 잉여초유를 제공받아 저온살균 후 한우 번식우 농가에 공급하고 있는데 효과가 좋아 점점 확대되고 있으며, 사료가격 상승에 따른 자가배합 섬유질배합사료 이용 증가로 사료성분분석 수요도 증가할 것으로 전망된다. 그 외 농가들의 관심과 현장기술 범위가 증대됨에 따라 4차 산업혁명기술의 보급이라는 중차대한 업무도 부여 확대될 것으로 사료된다. 이에 본 매뉴얼에서는 이러한 시대적 흐름을 반영하여 친환경축산관리실에서 추진하고 있는 주요 업무에서 기본적으로 알아야 할 사항들에 대해서 최대한 알기 쉽게 설명하여 담당공무원들이 참고 할 수 있도록 하였다. 그러나 아직 미진한 부분이 많으며 앞으로 새로운 기술과 자료를 더욱 보완 발전시켜 나가도록 할 계획이다. 일선 시군농업기술센터에서 친환경축산관리실 운영과 축산농가에 대한 기술지원 등에 조금이나마 도움이 되기를 바란다.

목차 | CONTENTS

Ⅰ. 초유은행 운영 … 007

Ⅱ. 유방염·체세포수 검사 … 015

Ⅲ. 송아지 설사 예방 관리 … 019

Ⅳ. 축사 환경 … 025

Ⅴ. 퇴비부숙도 측정 … 041

Ⅵ. 사료성분 분석 … 047

Ⅶ. 초음파 육질진단 … 063

Ⅷ. 미생물 활용 … 075

Ⅸ. 축사 및 하천주변 드론 방역 … 121

I. 초유은행 운영

양은 많을수록

I. 초유은행 운영

1. 초유

가. 면역물질의 전달
1) 갓 태어난 송아지의 혈청 속에는 외부 질병에 대항할 수 있는 면역물질이 거의 없음
2) 면역물질은 출생 후 24시간 동안 초유를 통해 받게 됨
3) 어미의 면역물질을 새끼에게 전달하는 경로는 동물에 따라 다름
   - 소, 양, 면양, 돼지, 말 등은 수동적 면역동물로서 어미의 면역물질이 초유를 통해 전달(사람 : 태반, 개와 고양이 : 초유+태반)

나. 중요성
1) 초유는 어미 소가 송아지를 낳고 2일 이내에 분비하는 우유
2) 송아지에 꼭 필요한 면역물질과 각종 영양소 함유
3) 단백질 : 시유의 5배 함유, 태분 배설 촉진기능
4) 어미 소의 질병경력이 많을수록 분만횟수를 거듭할수록 더 많은 질병에 대한 항체가를 지닌 초유를 생산
5) 초유 중 면역물질은 시간 경과에 따라 급격히 감소하여 분만 후 이틀이 지나면 거의 없어짐
6) 거대 단백질 분자인 면역물질은 소장의 미성숙 상피세포를 통하여 흡수되는데, 출생 후 2~3일이 지나 미성숙 세포들이 성숙되어 제 기능을 발휘하면 면역물질을 모두 소화시키며 면역물질 흡수 능력이 없어짐

다. 급여 방법
1) 반드시 분만 후 30~40분 이내에 처음 급여
2) 송아지 체중의 4~5%(25kg 송아지는 1.0 ~ 1.2L)를 24시간 이내에 3~5회로 분할하여 급여
3) 초유를 급여할 수 없는 경우 : 초유 대용물을 제조하거나 젖소 초유 활용

라. 초유 저장 후 급여 방법
1) 어미 소가 제대로 송아지를 돌보지 않을 경우에 대비하여 인근의 젖소 사육 농가에서 초유를 미리 확보
   - 분만 직후 1~2일 된 젖소의 초유를 확보
   - 가급적 3산 이상 출산소의 초유를 확보

2) 초유를 저장하는 방법
- 면역단백질이 가장 많이 재생되는 방법은 냉동저장법
- 냉동의 경우에도 초유 속에 있는 백혈구의 일부가 파괴되므로, 가능하면 어미 소의 초유를 직접 섭취토록 하는 것이 가장 좋음

3) 냉동저장 및 급여방법
- 먼저 1일 급여량에 알맞도록 플라스틱 용기(500~1,000ml)에 담아 냉동시켰다가 해동하여 급여
- 냉동한 초유를 해동할 때는 60℃ 미만 온수로 서서히(1시간 정도) 녹인 다음 40℃ 정도로 급여

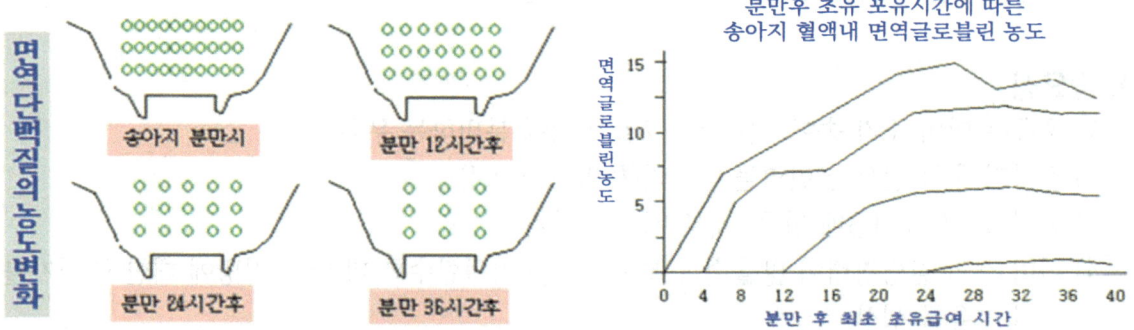

〈그림 1-1〉 초유 면역단백질 농도변화와 송아지 혈액내 면역글로블린 농도 변화

※ 장선식, 2019, 국립축산과학원

〈표 1-1〉 우유내 성분 함량 비교

성 분(%)	초 유	우 유
지 방	8 ~ 13	3 ~ 5
무지고형분	18.5	8.6
단 백 질	18 ~ 27	3.25
면역글로블린	5.6 ~ 6.8	0.09
유 당	2.7 ~ 2.9	4.10
칼 슘	0.26	0.13
인	0.24	0.11
비타민A(mg/g지방)	42 ~ 48	8

2. 초유 생산방법

가. 초유생산에 적합한 농장 및 소 선택

1) 법정 가축전염병에 감염되거나 감염이 의심되지 않음
2) 결핵병과 브루셀라 및 요네병 음성 판정
3) 항생물질, 합성항균제 등 사용 후 해당제제의 휴약기간 준수
4) 백신 등의 생물학적 제제에 대한 이상 반응이 없음
5) 분만 후 2일 이내 3회 미만 착유

나. 초유 수집

1) 초유 수집용 소의 선택 기준에 적합한 분만우 선정
2) 유방 세척 및 유두 소독약 침지
3) 마른 수건으로 건조 후 처음 착유되는 10-20 ml 버림
4) 멸균된 초유 용기에 보관
5) 수집된 초유는 냉장 보관하고, 3일 이내 영하 20℃ 냉동보관

1. 초유 수집 ⇒ 2. 저온살균 ⇒ 3. 면역물질 함량분석 ⇒ 4. 초저온 냉동 보관 ⇒ 5. 송아지 급여

〈그림 1-2〉 초유은행 운영체계

다. 초유 품질기준

1) 유지방 : 5% 이상
2) 유당 : 4% 이하
3) 단백질 : 8% 이상
4) 건물 : 17% 이상
5) 총 IgG농도 : 40 g/L 이상
6) 비중계 기준 : 1.05 이상

라. 초유관리

1) 초유의 위생적인 품질관리를 위해 보관 용기에는 초유의 제조연월일, 공급농장, 저온살균 처리 여부, IgG 농도(또는 비중표시), 내용물(고형물, 단백질, 유지방) 등의 표기를 부착
2) 초유 수급 관리기록 대장을 작성하여 초유제공농장, 착유일, 보관용량, 초유공급농가, 공급일, 공급용량 등의 내용을 기록

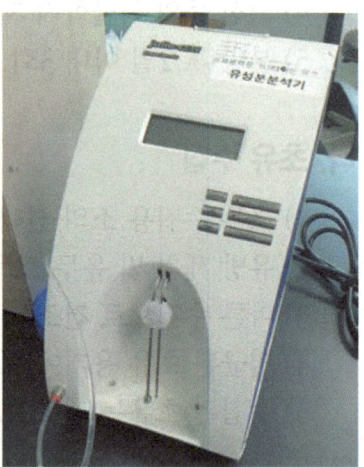

〈그림 1-3〉 초유살균기와 유성분 분석기

마. 초유 살균 보관

1) 63℃에서 30분간 저온살균을 실시
2) 보통 영하 20℃에서 냉동보관 최대 1년간 보관 가능

바. 초유 급여시 해동방법

1) 냉동보관 초유를 급여 1시간 전 준비
2) 온수(약 55℃) 5리터에 40분간 해동
3) 온수 교체 후 20분간 해동
4) 초유 온도 40℃ 가 되면 급여
   * 절대 끓이지 말 것, 전자레인지 사용금지

사. 초유 급여

- 분만 즉시(1시간 이내) 700ml 급여, 이후 어미소의 자연포유 유도
  - 자연포유 못할 경우 3회까지 초유 급여, 이후 분유 급여 권장

3. 키트를 활용한 초유 IgG 측정

애니첵™ Bovine IgG(초유 정량 신속측정키트) 사용법

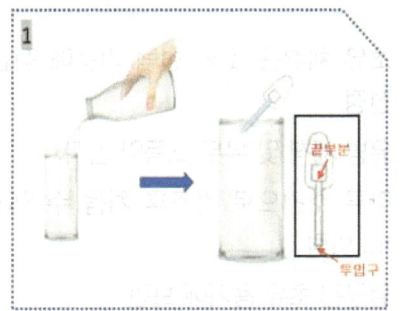 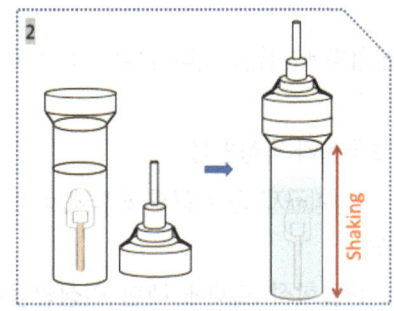

1) 입구가 넓은 컵에 초유를 부어 준다. 동봉된 모세관 튜브의 끝을 초유에 약 20~30초간 접촉하여 초유가 모세관 튜브 끝부분까지 채워지도록 한다.
   ※ 초유의 점도에 따라 채워지는 속도가 달라질 수 있음.
   ※ 튜브 겉부분에 묻은 초유는 휴지를 사용하여 조심스럽게 닦아준다.

2) 검체희석액 용기의 뚜껑을 열고 모세관 튜브를 넣은 뒤 뚜껑을 닫고 세게 흔들어 준다. 모세관 튜브 속의 초유가 빠져나왔는지 눈으로 확인한다.
   ※ 초유가 검체 희석액과 잘 섞이지 않으면 결과 값이 부정확할 수 있음.

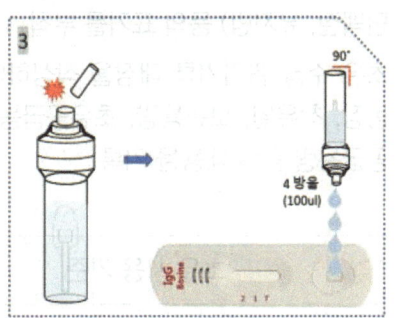 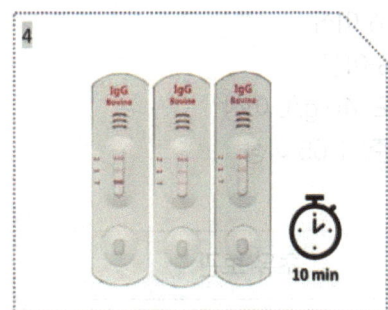

3) 검체희석액 용기 뚜껑 끝의 절단부위를 손으로 비틀어 제거한 후, 검체희석액 용기를 뒤집은 다음, 손가락으로 용기를 눌러 희석된 초유 4방울(약100㎕)을 IgG 검사용 키트의 투여창에 천천히 떨어뜨린다.
   ※ 샘플량이 너무 적거나 많으면 결과값이 부정확할 수 있음.

4) 검사 개시 10분이 되면 Q-Reader기(또는 결과 판정판)를 이용하여 결과를 판독한다.
   ※ 검사시간은 샘플 투입구에 초유를 적정한 직후부터 10분 측정한다.

〈표 1-2〉 초유의 채취, 평가, 관리, 보관 및 활용에 대한 지침

초유생산에 적합농장 및 소	초유 채취방법
- 법정가축전염병에 감염되거나 감염이 의심되지 않음 - 결핵병과 브루셀라 음성판정 - 항생물질, 합성항균제 등 사용후 해당제제의 휴약기간 준수 - 백신 등의 생물학적 제제에 대한 이상반응이 없음 - 분만 후 2일 이내 3회 미만 착유	- 초유 채취용 소의 선택 기준에 적합한 분만우 선정 - 유방 세척 및 유두 소독약 침지 - 마른 수건으로 건조후 처음 수거되는 10-20 ml 버림 - 멸균된 초유 용기에 보관 - 채취된 초유는 냉장보관하고, 3일 이내 영하 20℃ 냉동보간

초유 품질기준	초유 관리
- 초유의 일반적인 기준 - 유지방: 5% 이상 - 유당: 4% 이하 - 단백질: 8% 이상 - 건물: 17% 이상 - 총 IgG농도: 40 g/L 이상 - 비중계 기준: 1.05 이상	- 초유의 위생적인 품질관리를 위해 보관 용기에는 초유의 제조년월일, 공급농장, 저온살균처리여부, IgG 농도(또는 비중표시), 내용물 (고형물, 단백질, 유지방) 등의 표기를 부착 - 초유 수급 관리기록 대장을 작성하여 초유수급농장, 착유일, 보관용량, 초유공급농가, 공급일, 공급용량 등의 내용을 기록

초유 보관	초유 사용 기준
- 63℃에서 30분간 저온살균을 실시 - 멸균하지 않은 경우 냉장(4℃) 에서 24시간 권장, 최대 3일간 보관가능 - 보통 영하 20℃에서 냉동보관 최대 1년간 보관 가능	- 분만 후 6시간 이내 또는 최대 24시간 이내에 40 g/L 이상의 IgG 농도를 함유한 초유를 2-3회에 걸쳐 3-4리터를 공급 - IgG 농도가 낮거나 분만 후 1일 이상이 된 송아지에 공급 시는 흡수되는 항체의 농도가 낮아지므로 보다 많은 양의 초유를 공급

※ 김원일, 2013, 전북대학교

Ⅱ.
유방염·체세포수 검사

II. 유방염·체세포수 검사

1. 임상증상

가. 임상형 유방염
1) 유방 외형의 종창, 발열
2) 이상유 : 덩어리가 포함된 우유, 물 같은 우유 등
3) 고열, 식욕결핍, 체온상승 등의 전신증상 동반

나. 준임상형 유방염
1) 유방염에 감염되어 있으나 증상은 육안으로 확인할 수 없음
2) CMT 검사, 실험실 진단(세균배양 등) 등으로 판정

2. 체세포수 검사

가. CMT 검사(California Mastitis Test)
1) 원리
- 우유내의 체세포 DNA와 CMT 시약이 반응하여 겔을 형성하는 특성을 이용한 방법으로 우유내 체세포의 함유량을 추정할 수 있는 단순하고 신속한 검사방법이다.

2) 검사방법
- 착유전에 유방을 맛사지 한 후 첫 몇 줄기 젖을 짜버리고 나서 검사한다. 분방의 위치대로 백색 반응판에 유즙을 짜 넣은 후 CMT 시약을 넣고 전후좌우로 돌리면서 응집 형태나 색깔을 보고 판정한다.

3) 판정
- 겔 형성 정도에 따라 아래와 같이 판정하며 각각의 판정에 따라 체세포수를 추정할 수 있다(표 3-1).

〈표 2-1〉 CMT 검사법에 의한 판정과 체세포수

표시	반응도	판정상태	체세포수(㎖)	
			범위	평균
-	음성	겔 형성 없음	20만 미만	10만
±	흔적	약간의 겔 형성	15~20만	30만
+	약한 양성	경미-중정도 겔 형성	40~150만	90만
++	명확한 양성	중정도 겔 형성	80~500만	270만
+++	강한 양성	심하게 겔 형성	500만 이상	810만

나. 자동화 검사 장비법

1) 원리
   - 우유 중 체세포를 형광물질인 ethidium bromide로 염색시켜 일정량을 디스크에 도포시켜 순간적으로 통과되는 체세포를 할로겐램프 또는 레이저 빔으로 측정하는 검사법이다.

2) 검사장비
   - 검사장비로는 포소메틱(Fossomatic)과 소마카운터(Somacount)가 있으며 짧은 시간에 많은 수의 시료를 검사할 수 있다.

3) 검사장비 표준화
   가) 체세포수 측정의 표준이 되는 직접 현미경법과 자동화기기의 검사결과는 95% 이상의 상관관계가 있어야 한다.
   나) 검사기기별 표준화 작업은 검역본부에서 생산된 3종의 체세포 측정용 표준용액의 수치와 자동화 장비로 측정한 결과치가 오차범의 ±5% 이내가 되도록 보정하여 사용한다. 표준화 작업은 주 1회 이상 정기적으로 실시한다.

Ⅲ. 송아지 설사 예방 관리

III. 송아지 설사 예방 관리

1. 송아지 설사

가. 설사병이란

1) 음식물(소화물)의 소화관 통과 시간이 짧아지거나 수분흡수가 감소하여, 분변 속의 수분량 증가, 배변 횟수 증가 현상
2) 설사병은 음식물에 대한 체내 거부반응(일종의 체내 방어작용)
3) 계속되면 탈수증, 대사장애, 영양장애, 체온저하가 나타나 폐사에 이름
4) 설사병은 병원균의 감염여부에 따라 감염성 설사와 비감염성 설사로 구분
5) 감염성 설사의 예방과 치료도 중요하지만, 비감염성 설사가 감염성 설사로 전환될 위험이 크므로, 비감염성 설사의 예방도 중요
6) 송아지 일령과 병원체의 관련성을 살펴보면, 특히 11~20일령에 발병률이 가장 높음
   - 초유의 효력 저하 등으로 저항력을 충분히 갖추지 못했기 때문

〈표 3-1〉 설사병의 발병 원인 및 발병기전

구분		발병원인	발병기전
직접원인	비감염성	유질불량, 대용유의 급격한 교체, 과잉급여, 장관 과민증, 대사 장애 스트레스에 의한 자율신경기능 이상 등	섭취한 수분이 장관에서 충분히 흡수되지 않고 통과(흡수 및 소화 불량성 설사)
	감염성	바이러스(소로타바이러스, 소코로나바이러스, 소아데노바이러스, 소바이러스성설사, 소레오바이러스, 소엔테로바이러스) 세 균(대장균, 살모넬라균, 캠필로박터균) 기생충(콕시듐, 크립토스포르디움, 지알디아)	몸 속의 수분이 장관 벽을 통하여 장관 속으로 유출(분비성 설사) - 탈수발생
간접원인		허약체질, 장거리 수송, 영양 불균형, 축사 오염, 축사 환기불량, 밀식사육, 사육환경 급변	비감염성 설사의 직접적인 원인이 되고, 감염성 설사 유발 가능

〈표 3-2〉 감염성 설사의 병원성 미생물과 기생충

바이러스	세균	기생충
○ 소 로타바이러스	○ 대장균	○콕시듐
○ 소 코로나바이러스	○ 살모넬라균	○크립토스포리디움
소 아네노바이러스	캠필로막터균	○지알디아
○ 소 바이러스성 설사·점막병	(비브리오)	소회충
소 레오바이러스		편충
소 엔테로바이러스		

※ ○는 주로 송아지에 감염

〈표 3-3〉 설사 송아지 일령과 병원체

원인균＼일령	1~10	11~20	21~30	31~40	계
대장균	3	3	1	-	7
로타바이러스	-	2	2	1	5
대장균 + 로타바이러스	-	2	3	1	6
로타 + 코로나 + 바이러스성 설사	-	1	1	1	3
비감염성(식이성)	3	2	1	5	11
계	6	10	8	8	32

나. 감염성 설사병

1) 원인
   - 직간접적인 원인으로 발병하지만, 실제로는 여러 원인이 합쳐져서 상승작용을 일으키며 발병

2) 감염경로
   - 주로 오염된 젖꼭지를 빨거나, 오염된 사료나 물을 먹음으로써 입을 통하여 감염
   - 소 바이러스성 설사(BVD) 및 로타바이러스성 설사는 어미소 뱃속에 있을 때 탯줄을 통하여 감염되기도 함

3) 증상
   - 우선 똥 속의 수분함량이 정상보다 많아지고, 배변 횟수와 배변량이 증가하며, 5가지의 공통된 증상을 나타냄
     ①탈수와 전해질 상실 ②산성증 ③영양소 부족 ④장운동 심해짐 ⑤체온 저하
   - 가장 중요한 것은 탈수와 전해질 상실이며, 5% 이하의 탈수에서는 똥이 묽어지는 증상 이외에 다른 증상은 나타내지 않음

- 피부의 거칠어짐, 입속점막의 건조, 원기 소실, 불안한 기립상태(기립 불능 또는 기립 후 곧 주저앉음), 갈증, 침울, 안구 함몰 등이 나타남

4) 예방
- 예방의 핵심은 건강한 어미 소에서 건강한 송아지를 출생시키고, 청결하게 관리
- 적령기에 임신(14개월령 이후, 250kg 이상)
- 암소가 살이 찌지 않도록 관리(BCS 2.5~3.5)
- 설사병 및 각종 예방접종 철저
  ※ 코로나바이러스, 로타바이러스 및 대장균성 설사예방 방법은 혼합백신을 임신우에 분만 5~6주전 1차, 2~3주 전에 2차 접종함
- 충분한 넓이의 분만사(적어도 10㎡ 이상) 준비
- 분만 후 30~40분 이내에 첫젖 급여
- 소독 및 청소로 청결한 송아지방 확보

다. 식이(먹이)성 설사병(비감염성 설사병)

1) 원인
- 사육환경의 급격한 변화, 과식, 소화율이 불량한 사료의 섭취(예 : 질이 떨어지는 대용유), 부패 또는 오염된 사료의 섭취, 갑작스런 사료변경 및 외부 기온의 저하(찬 외양간 바닥) 등이 원인
- 어미 소 사료를 훔쳐 먹은 경우
- 인공포유(젖먹임)를 시킬 때 많은 양의 우유를 강제로 급여하는 경우나 질이 떨어지는 대용유를 급여할 경우
- 방목지에서 송아지가 어린 풀을 뜯어먹고 설사하는 경우

2) 증상
- 과식성 설사는 똥이 비정상적이긴 하나 체중 감소가 없음
  - 과식한 송아지는 우둔하고 식욕이 떨어지며, 분변의 양이 증가하게 되고, 악취가 나며, 점액이 상당히 섞여 있으나, 합병증이 없으면 우유 급여 중지와 소화제를 먹이면 곧 회복됨
- 저질 대용유로 인한 식이성설사는 만성설사와 함께 차츰 체중이 감소하고 증체가 되지 않음
  - 식욕은 정상이나 대용유를 급여하면 배가 불룩 튀어나오고 포유(젖먹임) 후 여러 시간 동안 누워 있음

- 인공유 급여 초기나 어미사료를 먹었을 경우에도 소화 불량성 설사를 하게 되는데, 사료가 소화되지 않고 그대로 배출되며, 설사가 그리 심하지 않은 경우 소화제를 한두번 급여하면 곧 회복됨

3) 예방
- 우유나 대용유 급여 시 품질이 좋은 것을 선택하여 적정량을 적절한 간격으로 급여
- 사료를 처음 먹이기 시작하거나 변경시킬 때는 4~5일에 걸쳐 서서히 하고, 불가피할 경우 소화제를 4~5일 동안 사료에 혼합하여 급여

라. 설사병 검사 키트 사용방법

1) 설사 5종 검사키트
- 크립토스포리디아병(기생충)
- 로타 바이러스
- 코로나 바이러스
- 병원성 대장균(E.coli k99)
- 지알디아병(기생충)

2) 검사방법

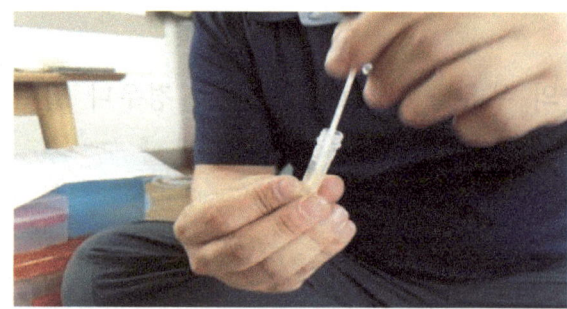

1. 설사분변 희석

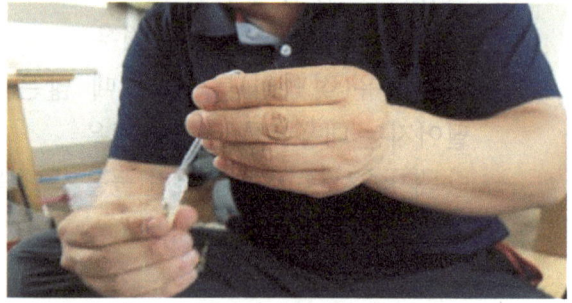

2. 큰 입자 가라앉으면 상층액 채취

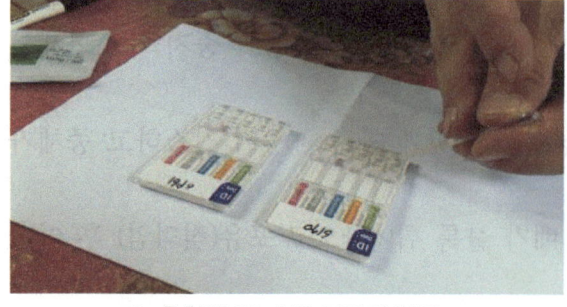

3. 혼합액 80ul 씩 키트에 분주

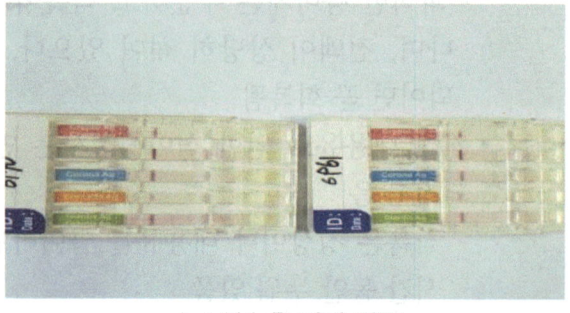

4. 10분 후 결과 판독

Ⅳ. 축사 환경

Ⅳ 축사 환경

1. 환기

가. 환기설계

1) 환경은 가축사육 시설의 주위 조건을 말하며 가축의 생활에 영향을 미치는 모든 요건들을 총칭하는 것으로 자연환경과 인위적인 환경으로 나눔
2) 가축의 관리에 있어서 환경조절은 대체로 열환경과 물리·화학적 환경으로 이와 관련이 있는 요인으로는 기온(air temperature), 습도(humidity), 유속(air velocity), 유해가스(gas), 소음(noise) 등으로 구성됨
3) 우리나라는 혹한기와 혹서기라는 가축사육에 취약한 계절적 특성이 있어 이에 맞는 적절한 환경조절이 요구됨

나. 온도

1) 돼지의 적정 온도분포는 〈그림 4-1〉과 같으며 가축이 열스트레스를 받지 않고 정상적인 성장이 가능한 열환경 범위를 나타냄
2) 어린 자돈을 제외한 시설에서는 〈표 4-1〉과 같이 온도변화에 따른 사료섭취량의 변화에 의하여 열량 발산을 조절하기 때문에 돈사내의 환경을 복합적으로 관찰할 필요가 있음
3) 돈사내 하루의 일교차를 적게 해주어 스트레스를 줄여 주도록 해야 함
4) 돼지는 다른 동물에 비해 열 발산 능력이 떨어짐
   - 돼지의 체중 당 폐용적이 다른 가축에 비하여 작음
   - 피부의 혈관분포가 적어 혈류량 증가를 통한 발산 능력이 떨어짐
   - 지방층이 두꺼워 그 자체가 단열재 역할로 피부에서 열 발산력이 저하
   - 땀샘은 코끝과 입술, 다리 주위에만 있고 체표면에는 퇴화되어 있음

〈표 4-1〉 환경온도에 따른 사료섭취량 변화

생체중(kg)	(℃)	사료섭취량(kg/일)	생체중(kg)	(℃)	사료섭취량(kg/일)
45	10	2.2	100	10	3.9
	15	2.0		15	3.5
	20	1.9		20	3.0
	25	1.7		25	2.6

※ D. R. Charles, 1995

○ 친환경축산관리실 운영 매뉴얼

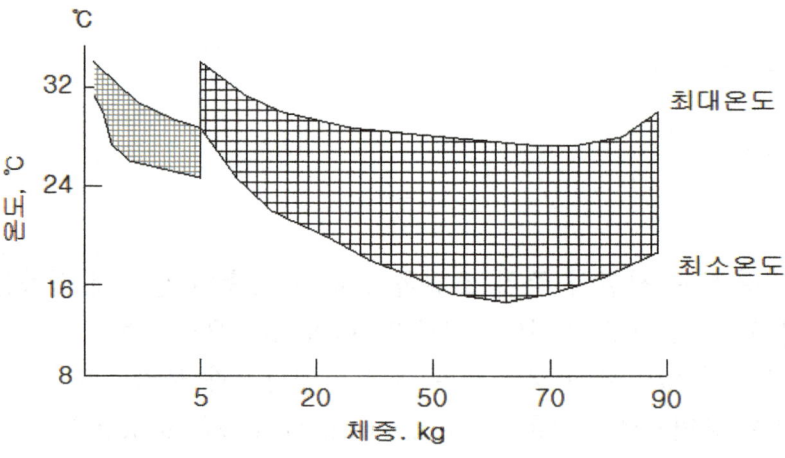

〈그림 4-1〉 돼지의 적정온도 범위

〈표 4-2〉 돼지의 성장단계별 적정온도 및 습도범위(국립축산과학원)

구분	적온범위(℃)	습도(%)
출생 직후	30~35	60~70
1주일령	25~30	60~70
1주일-이유 전	25~28	60~70
이유 시	20~25	60~70
이유-45kg	18~22	50~70
45kg-성돈	15~20	40~60

※ 돼지사육 100문 100답, 2019, 국립축산과학원

〈표 4-3〉 돼지의 성장단계별 적정온도 범위(John Carr)

구분	체중 (kg)	전입 시 온도 (℃)	전출 시 온도 (℃)	권장 일교차 (℃)
포유자돈	1~7	30	30	0
이유자돈	7~15	30	24	1
이유자돈	15~25	24	21	1.5
육성돈	25~50	21	10	2
비육돈	50~110	20	18	2.5

※ 돼지사육 100문 100답, 2019, 국립축산과학원

다. 습도(humidity)

1) 환경내에서의 습도는 온도와 밀접한 관계를 가지고 있으며, 환경관리를 위한 중요한 요소임. 공기 중 수분함량은 먼지의 농도 및 병원체(pathogens)의 증식에 영향을 주어 동물의 생산성에 직·간접적인 영향을 미침

2) 상대습도는 %로 표기되고 어떤 온도에서 공기가 최대로 함유할 수 있는 수분(포화상태)을 100%로 하여 비율로 표시함. 일정 용적의 공기가 함유할 수 있는 양의 수분은 온도가 높아질수록 증가하는 특성을 지님

라. 환기관리

- 환기는 돈사의 구조, 단열재 두께, 외기온도, 습도, 환기팬의 위치, 환기방법, 사육밀도 등 여러 가지 요인이 복합적으로 작용하고 있음
- 환기란 ① 돈사내부에 신선한 공기를 계속 적정하게 공급하고, ② 고온시에는 과도한 열에너지를 돈사 밖으로 배출하고, ③ 과도한 습기와 냄새물질을 포함한 가스 등을 제거, ④ 먼지와 유해성 병원균 등을 배출하기 위한 것임
- 적정한 환기는 유익하게 작용하여 궁극적으로는 돼지와 작업자에게 쾌적한 환경을 제공하여 가축의 생산성을 향상시킴. 위와 같은 1차적인 효과 외에도 환기 기술의 발달은 일정 면적당 사육밀도를 높여 건물의 이용효율도 향상시키나, 부적절한 환기는 돼지의 생리활동의 저하와 부분적으로 질병의 원인이 되고 폐사까지 이르게 하기도 함

1) 환기량 결정
- 필요 환기량의 기준은 돈사내에 있는 동물이 발산하는 수분량과 공기가 함유한 수분량과 동물이 생활하기에 적당한 온도, 습도의 균형계산이라고 생각하면 됨
- 돈사에서 필요한 환기량은 외기온도, 돈사내부 온도와 습도를 기준으로 제공해야 될 목표 온도, 습도, 풍속 등에 따라 다르나, 환기량을 결정하는 방법에는 계산식에 의한 방법과 여러 권장값에 근거하여 결정하는 방법이 있음
- 계산식을 이용 환기량을 결정하는 방법은 기후조건과 돈사조건 등을 정확하게 고려하여 환기량을 결정하는 방법으로 많은 장점이 있으나 계산 과정이 복잡하여 농가 차원에서 환기전문가의 도움 없이는 계산하기가 어려움이 있음
- 환기량의 단위는 단위시간(1분) 당 교환되는 공기의 부피를 나타내는 CMM(Cubic Meter per Minute)으로 주로 표기됨.
- 권장값을 이용한 환기량 결정방법은 기후조건과 돈사조건 등을 정확하게 고려하지 않고 결정하는 방법으로 여러 단점이 있으나 계산 과정이 없거나 단순하여 쉽게 결정할 수 있는 장점이 있음

- 일반적으로 환기 요구량을 제시한 기준은 연구자에 따라 약간 다른데, 〈표 4-4〉 내용을 참고하여 돼지의 사육단계 및 날씨별로 환기량을 설정함

〈표 4-4〉 돼지에 대한 환기율 (cfm/두)

구 분	체중(kg)	추운날씨 (Cold weather)	따뜻한 날씨[※] (Mild weather)	더운 날씨[※] (Hot weather)
분만모돈과 포유자돈	181.4	20	+60=80	+420=500
이유자돈	5.4~13.6	2	+8=10	+15=25
자돈	13.6~34.0	3	+12=15	+20=35
육성돈	34.0~68.0	7	+17=24	+51=75
비육돈	68.0~99.8	10	+25=35	+85=120
임신돈	147.6	12	+28=40	+110=150[※※]
수퇘지	181.4	14	+36=50	+250=300

※ "+"표시는, 예를 들어서, 분만모돈과 포유자돈은 추운날씨에 20cfm을 요구 따뜻한 날씨에 (20+60)=80cfm, 더운날씨에는(80+420)+500cfm임
※※ 모돈사에 있는 임신돈에 대한 더운 날씨 환기율은 + 260=300cfm
 - 더운 날씨에 환기율은 배기팬 보다 순환팬으로 더 잘 조절할 수 있음
※※※ 주) MWPS – 8(1988)

- 저온시 최소환기량(Minimum Ventilation Rate)은 가축에게 신선한 공기를 공급하고 유해 물질을 제거하여 적정 생육환경 조성을 위해 최소한으로 요구되는 환기량을 의미함
- 적정온도에서의 환기량이란 돼지의 성장단계별, 급여사료의 영양수준에 따라 일반적으로 우리나라의 봄·가을에 해당되며 돼지의 생리활동에 가장 적정한 온도 시 요구되는 환기량을 의미함
- 고온시 환기량이란 돼지에게 제공해야 할 적정온도 범위 이상의 시점부터 의미하며, 일반적으로 우리나라의 경우 여름철 혹서기의 환기량을 의미함
  - 자연환기 방식의 경우에는 돈사의 개방면적을 돼지의 성장단계에 따라 최대한 개방해야 되고, 기계적인 환기에서는 냉방장치 등을 가동하여 돈사내부 온도를 낮추는 등 환기량을 최대한 높여야 하는 것을 말함
  - 자연환기 방식의 경우 외부 바람 조건에 따라 충분한 환기량이 확보되지 않을 수 있으며, 이를 보완하기 위해 내부 순환팬이나 추가 환기팬을 설치할 필요가 있음

2) 공기유속
- 동물의 표면 온도보다 낮은 온도에서 공기 속도가 증가하면 더운 날씨에는 동물의 열손실을 증가시켜서 바람직하지만, 추운 날씨에서는 잠정적으로 동물에게 해를

주로 적정한 공기유속이 필요함

〈표 4-5〉 돼지의 쾌적성에 관한 환경온도와 풍속의 영향

환경온도(℃)	풍속 0.15m/s 이하	풍속 0.15~0.25m/s	풍속 0.25~0.36m/s
21℃	전주령 : 쾌적	전주령 : 쾌적	1~8주령 : 쾌적
18	1주령 이하 : 불쾌	5주령 이하 : 불쾌	12주령 이하 : 불쾌
15	10일령 이하 : 불쾌	1~3주령 이하 : 불쾌	12주령 이하 : 불쾌
13	8주령 이하 : 불쾌	12주령 이하 : 불쾌	14주령 이하 : 불쾌
10	15주령 이하 : 불쾌	14주령 이하 : 불쾌	16주령 이하 : 불쾌
7	20주령 이하 : 불쾌	16주령 이하 : 불쾌	20주령 이하 : 불쾌
4	20주령 이하 : 불쾌	20주령 이하 : 불쾌	20주령 이하 : 불쾌
2	비육돈 : 불쾌	비육돈 : 불쾌	비육돈 : 불쾌

* Sainsbury(1972)

- 추운 온도에서 어린자돈에게는 0.1m/s 이하의 매우 낮은 유속을 제공, 돈사내부 온도가 적온을 유지할 경우 자돈에게는 약 0.25m/s 유속 유지,
- 육성비육돈 이상의 돼지들에게는 온화하고 따뜻한 날씨에는 0.25m/s 정도의 유속을 유지하고 매우 더운 날씨의 고온에서는 0.5m/s 이상~1.2m/s 의 유속 유지
- 과도하게 높은 유속은 자돈의 체온을 낮추기 때문에 설사나 기침의 원인이 됨. 또한 측정치가 기준치를 초과하거나 낮을 경우 입기구, 배기구, 팬의 성능, 컨트롤러의 입력 수치 등에 이상 유무의 검토가 필요함

3) 공기흐름도 측정
- 돈사내 공기의 흐름을 측정하기 위하여 연기 발생기(스모그 제네레이터)를 사용함 〈그림 4-2〉. 입기구에 연기를 발생할 경우 공기가 어떻게 흐르고 정체되며 사각지대는 있는지 등 돈사의 환기 상황을 알 수 있음

〈그림 4-2〉 공기흐름을 조사하는 장면(스모그 제네레이터 이용)

2. 냄새 저감

가. 축산냄새의 종류와 특성

1) 가축분뇨 및 축산시설에서 발생되는 냄새물질은 황화합물류, 휘발성 지방산류, 페놀류, 인돌류, 암모니아 및 휘발성 아민류로 분류되고 있음

2) 냄새물질들은 가축의 소화기관에서 또는 가축분뇨를 저장하거나 처리할 때 분뇨가 혐기발효되면서 생성되며, 완전하게 부숙되지 않은 퇴비와 액비를 농경지에 살포하면 냄새가 지속적으로 발생될 수 있음

3) 〈그림 4-4〉에서 보는 바와 같이 분뇨 냄새 물질의 생성과정을 살펴보면 페놀류, 인돌류 및 아민류는 아미노산이 분해되어 생성된 대사산물이며, 이들 물질들이 축산냄새의 대표적인 성분으로 알려져 있음

4) 가축의 분뇨에서 발생되는 냄새는 복합취로서 축종, 사양관리 방법, 분뇨처리 기술 등에 따라 다양함

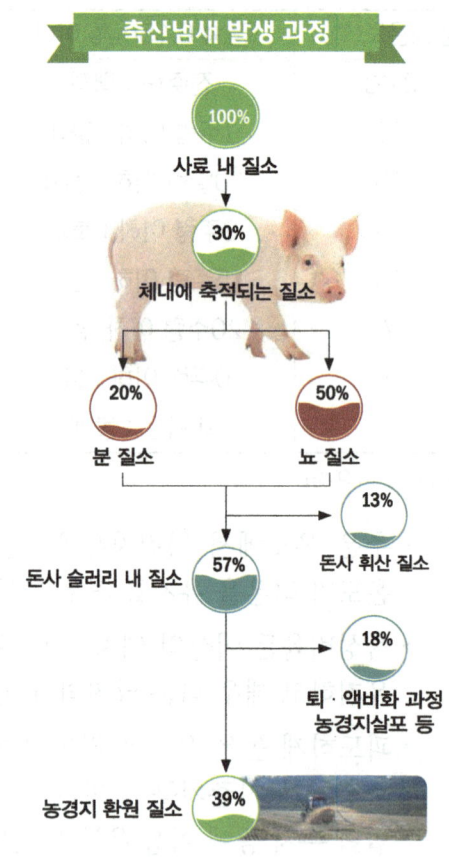

〈그림 4-3〉 사료 내 단백질 체내 이용성 (Aarnink, 1997)

나. 축사내부 냄새 제거

- 축사에서 냄새가 발생되는 경우는 첫째, 가축이 섭취한 사료의 일부가 소화되지 않고 분으로 배설될 때, 둘째는 분뇨가 축사에 머무르는 동안 비정상적으로 발효될 때, 셋째는 돈사 내부의 냄새가 포집되지 않고 대기 중으로 휘산 될 때라고 할 수 있음

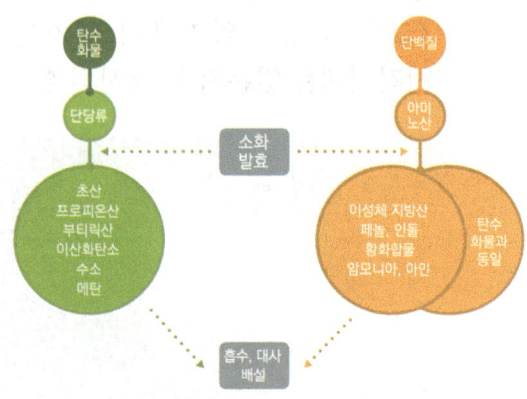

〈그림 4-4〉 냄새물질 생성과정 (Jensen and Jorgensen, 1994)

1) 사료선택
- 사료의 조단백질 수준이 관행보다 높았을 때에는 단백질 수준이 관행 수준과 같거나 낮은 경우보다 인돌류, 페놀류 농도가 증가하며 〈표 4-6〉, 황화합물 농도도 증가함 〈표 4-7〉. 가축의 성장단계에 맞는 사료를 선택하여 급여해야 냄새를 줄일 수 있음

〈표 4-6〉 사료의 조단백질 수준별 슬러리의 페놀류 및 인돌류 농도(ppm)

처리구	조단백질 수준(%)		
	15(저)	17.5(관행)	20(고)
페놀류	23.74(100)	23.67(100)	27.47(116)
- 페놀	8.71	8.87	13.40
- p-크레졸	15.03	14.80	14.07
인돌류	2.69(101)	2.66(100)	4.13(155)
- 인돌	1.64	1.56	2.84
- 스카톨	1.06	1.10	1.29

※ 조성백 등, 2015, 국립축산과학원

〈표 4-7〉 사료의 조단백질 수준별 슬러리의 황화합물 농도(ppm)

처리구	조단백질 수준(%)		
	15(저)	17.5(관행)	20(고)
황화합물	215.96(100)	214.41(99)	368.24(171)
- 황화수소	48.83	37.31	83.41
- 머칠머캅탄	60.64	50.29	127.67
- DMS	98.43	99.19	108.80
- DMDS	8.07	27.62	48.37

※ 조성백 등, 2015, 국립축산과학원

2) 액비의 돈사 재순환
- 돈사에서 발생되는 냄새를 줄이기 위하여 안정화된 발효 액비를 돈사 안으로 재순환시켜 돈사내부의 환경을 개선시키는 시스템이 일부 설치되어 이용되고 있음 〈그림 4-5〉
- 액비의 돈사 재순환 시스템을 이용하는 농가는 고형물이 액비 이송관을 막아서 시스템의 가동이 중지되는 것을 방지하기 위해 분뇨를 한 개 돈사씩 순차적으로 재순환시키고, 스크린을 이용하여 협잡물을 제거하며, 6개월 마다 돈사피트 청소를 실시함

- 또한 액비와 신선분뇨의 혼합비율을 상황에 맞게 조절하는 것이 중요, 슬러리와 발효액비를 3:7로 혼합하여 돈사에 재순환하였을 때 악취물질이 47~72% 저감됨 〈표 4-8 참조〉

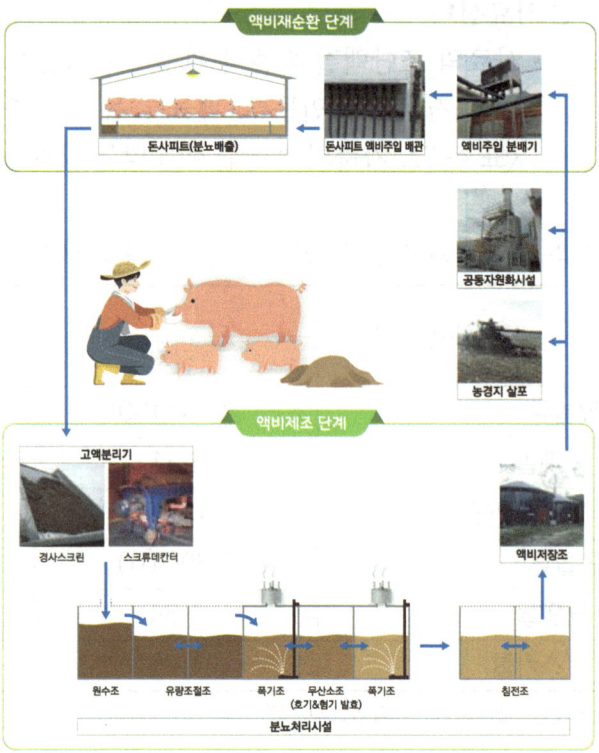

황옥화, 2021, 국립축산과학원

〈그림 4-5〉 액비 재순환 흐름도 및 재순환 액비제조 과정

〈표 4-8〉 슬러리와 액비와 혼합비율별 슬러리의 악취물질 농도(ppm)

악취성분	혼합비율(%)		
	슬러리 100, 액비 0	슬러리 70, 액비 30	슬러리 30, 액비 70
페놀류	70 (100%)	45 (△35%)	20 (△72%)
인돌류	2.3 (100%)	2.0 (△13%)	1.2 (△47%)
I-SCFA	443 (100%)	349 (△21%)	154 (△65%)

※ 조성백 등, 2012, 국립축산과학원

다. 축사 외부 냄새제거

1) 바이오 커튼
- 바이오커튼은 무창돈사의 측벽에 부착한 배기팬에서 발생하는 냄새의 확산을 방지하기 위하여 스프링클러 방식의 수세식 분무시스템 및 이산화염소 가스 분무장치를 활용하여 냄새물질을 흡수, 중화 또는 산화시켜 분해하는 것임

- 바이오 커튼의 구조 및 사양 : 폭 1.5~2m, 높이 2m, 길이는 돈사 길이에 따라 설치〈그림 4-6〉
- 성능 및 효과 : 황화수소 설치 전 10ppb → 설치 후 0ppb

〈그림 4-6〉 바이오 커튼

라. 퇴비화시설 및 액비 저장조에서 발생하는 냄새저감

1) 가축분 퇴비화 시설에서 발생하는 냄새저감을 위해 산화력이 강하고 무색무취 물질인 이산화염소 가스를 냄새물질과 결합시켜 냄새 제거와 액비 저장조에 바이오 필터를 부착 냄새 저감
2) 성능 및 효과
   - 퇴비화 시설에서 이산화염소가스 분사장치 : 암모니아 83%, 황화수소 85% 감소
   - 액비저장조 냄새탈취 장치 : 암모니아 89%, 황화수소 94% 감소

2. 환경측정기를 이용한 축사환경 진단

가. 환경 측정기기 사용법

1) 환경과 가축과의 관계
   - 자연적인 환경과 인위적인 환경으로 구별할 수 있음
   - 환경요인으로는 기온(air temperature), 습도(humidity), 유속(air velocity), 유해가스(gas), 소음(noise) 등으로 구성되어 있음
2) 축사내 공기환경의 측정
   가) 축사내 측정점의 선정
   - 밀폐된 축사구역을 선정할 경우에는 공기 유출입구의 중심축과 수직인 단면 내의 속도분포를 측정

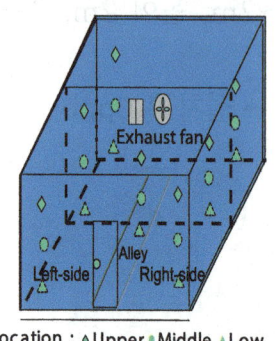 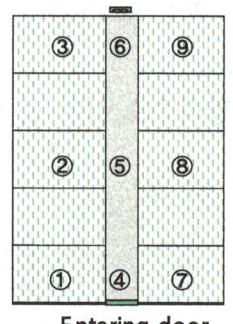

〈그림 4-7〉 측정지점

나) 축사내 환경 측정
- 실내 기후는 온열(溫熱)환경이라고도 하며, 축사환경 요소에는 ①온도, ②습도, ③유속, ④방사열 등을 측정

(1) 온도와 습도
- 축사 내의 실온 측정은 돈방바닥으로 부터 75~120cm의 범위 내에서 측정.
- 분포의 정도는 기류분포 및 가축의 사육단계 등에 따라 다르며, 벽면, 유리창, 출입구 근처에서는 온도 및 습도 변화가 심하기 때문에 축사내의 평균적인 온도와 습도를 구하기 위하여 축사내의 몇 군데에서 온도 및 습도 측정을 할 필요가 있음.

(2) 공기속도
- 가축의 호흡기(코나 입) 위치의 높이에서 주로 공기속도를 측정
  적정속도 : (소, 1~5m/s), (돼지, 0.2~2m/s), (닭, 0.1~2m/s)

(3) 공기흐름
- 풍속 측정과 동시에 연기발생기를 사용하여 공기흐름을 측정.

〈그림 4-8〉 연기 발생기 및 현장 전경

나. 냄새물질 측정

- 밀폐된 축사에서 발생하는 냄새는 주로 분뇨에서 생성되는 가스상 냄새물질 때문
- 축사 내 가스상 냄새물질 중 가장 대표적인 물질은 황화수소(H_2S) 임
- 황화수소는 공기보다 무거워서 축사 피트 슬러리 표면에 깔려 있음
  - 높은 독성을 지니고 있고 두통, 어지러움, 메스꺼움 등의 부작용을 유발함
- 축사에서 발생되는 가스는 대체로 암모니아, VFA(휘발성 지방산) 6종, VOC(휘발성유기화합물) 4종, 황화합물 4종으로 보고되고 있음
- 현재까지는 분석 사용 기기는 가스 크로마토그래피(GC)를 사용하고 있음

1) 냄새물질 측정 및 분석
- 냄새물질의 측정 및 분석은 GC(Gas Chromatography)를 이용하는 방법과 간이 가스측정기(검지관)를 이용하는 방법이 있음

가) 간이 가스측정기 이용 암모니아, 황화수소의 측정
(1) 측정기 조작순서
① 검지관의 양끝을 가스측정기 측면의 커터로 절단함
② 가스측정기 내부의 공기는 완전히 배출해 둠.
③ 검지관을 흡입기 부착구에 견고하게 끼움(검지관 방향에 주의)
④ 손잡이를 끝까지 당겨서 고정(50ml, 100ml 흡인 선택).
⑤ 그대로 일정 시간을 기다림. 음압이 제거 되어(flow finish indicator 확인) 샘플링이 종료되면 검지관을 빼어 변한 색깔의 농도를 읽음
⑥ 50ml 선택 흡인시에는 값에 x 2를 하여 농도를 구함

 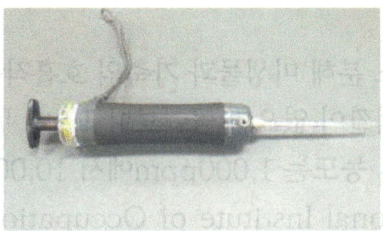 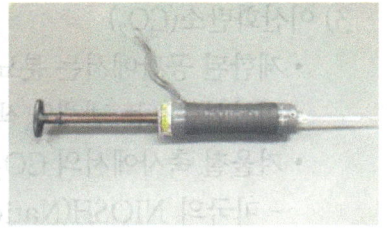

가스측정기   검지관 삽입   가스 흡인

〈그림 4-9〉 가스측정기

〈그림 4-10〉 가스측정기 이용 가스농도 측정

다. 유해가스 특성

1) 암모니아(NH_3)
   - 암모니아는 무색, 자극성 냄새가 나며, 공기보다 가볍고 물에 용해되며 5ppm의 농도에서도 강한 자극성 냄새를 풍김
   - 환기가 잘되는 축사에 있어서 암모니아 농도는 슬러리 시스템(액상분뇨 시스템)에서는 약 10~20ppm임.
   - 환기율이 낮은 축사에서는 50ppm 을 초과할 수 있음
   - 축사에서 매일 8시간 일하는 작업자의 암모니아 농도의 권장치는 약 25ppm 이하임

2) 황화수소(H_2S)
   - 황화수소는 돈분에서 발생되는 가스물질 중에서 제일 독성이 강함
   - 무색이며, 썩은 달걀 냄새가 나고 공기보다 무겁고 강한 수용성임
   - 대체로 6ppm까지는 악취가 증가하며, 150ppm의 농도에서는 후각을 마비시킴

3) 이산화탄소(CO_2)
   - 제한된 공간에서는 분뇨 분해 미생물과 가축의 호흡작용에 의하여 증가함
   - 이산화탄소는 냄새와 색깔이 없으며 공기보다 1.5배 무거움
   - 겨울철 축사에서의 CO_2 농도는 1,000ppm에서 10,000ppm 정도임
     - 미국의 NIOSH(National Institute of Occupational Safety and Health; 국가 직업안정 건강위원회)에서 권장최대 CO_2 농도는 5,000ppm 임
   - CO_2 농도가 10,000ppm 이상으로 높아지면 사람은 호흡기, 순환기, 대뇌의 기능 저하를 유발함

Ⅳ. 축사 환경

〈표 4-9〉 축사내에서 유해가스와 CO_2의 최대허용 농도

구 분		암모니아(ppm)	황화수소(ppm)	이산화탄소(ppm)
최대허용 농도	사람	7	5	1,500
	돼지	11	5	1,500
겨울철 축사내 농도		20	5 이하	3,500

주) Donham 등(1997)

4) 유해가스의 중량비고
- 축사에서 가장 많이 발생하는 암모니아 가스는 760g/m³로서 순수한 공기나 산소보다 가벼움 〈표 4-10〉.
- 이산화탄소는 1,964g/m³로서 순수한 공기나 산소보다 무거움

〈표 4-10〉 가스의 중량

가 스	g/m³	가 스	g/m³
산 소	1,429	암모니아	760
일산화탄소	1,250	메탄가스	715
이산화탄소	1,964	프로판가스	1,970

* (0℃ 1기압기준)

5) 유해가스의 축사내 허용농도
- 미국 NIOSH(National Institute of Occupational Safety and Health)의 작업자의 독성물질에 대한 노출안전 허용기준에 의하면 돼지의 생산성과 건강에 영향이 없으며 축사 내에서 작업하는 관리자의 건강에 영향을 주지 않는 최대 허용기준은 암모니아(NH_3)는 돼지의 경우 11ppm, 관리자 7ppm이며 이산화탄소(CO_2)는 1,500ppm, 호흡 기준 먼지는 0.23mg/m³을 제시하고 있음

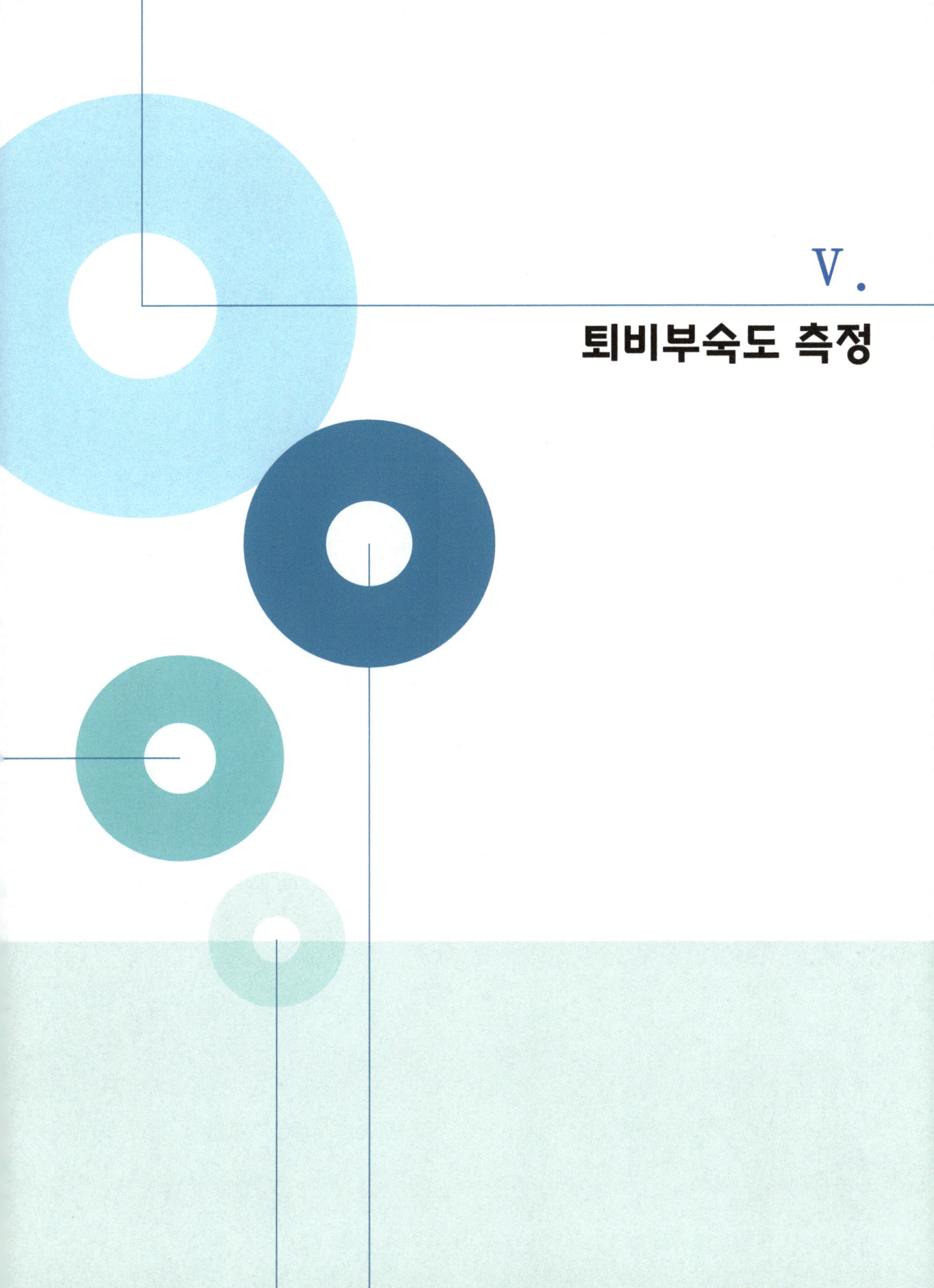

V. 퇴비부숙도 측정

한국 교육제도

V. 퇴비부숙도 측정

1. 기계적 부숙도 측정법

가. 암모니아와 이산화탄소 발색반응을 이용한 기계적 부숙도 측정 방법(콤백, CoMMe-100)을 이용한 측정법

1) 원리
   - 미부숙 퇴비 등에 적합한 수분함량을 유지시키면 미생물의 활성에 의해 이산화탄소 및 암모니아가 발생되는데 이를 젤 상태의 패들과 반응시켜 변화되는 패들의 색 변화를 기계적으로 측정하여 부숙도 판정

2) 장치
   (1) 부숙도 판정기기(콤백), 반응키트(암모니아, 이산화탄소), 측정용 용기
   (2) 측정조건 : 기기의 사용설명서에 따름

3) 공시료의 조제
   (1) 약 200g의 샘플을 잘 혼합하면서 나무, 돌, 비닐 등 이물질은 제거하고 짚이나 엉킨 덩어리는 부수어 섞는다.
   (2) 시료의 수분이 약 40% 이상일 경우에는 그대로 사용하고, 40% 이하일 경우에는 수분을 50% 내외로 조절한 후, 24~48시간 정도 뚜껑을 닫고 방치 후 사용한다.

4) 측정
   (1) 준비된 시료를 반응용 용기에 표시된 위치까지 채운 후 2시간 이상 뚜껑을 열고 방치 후(항온에서 25℃) 준비된 키트(Kit-A, Kit-B)를 뚜껑에 고정시킨 후 뚜껑을 닫고 상온(25℃)에서 30분 반응시킨다.
   (2) 반응된 키트를 반응용 용기에서 분리시킨다.
   (3) 키트를 즉시 부숙도 판정기(콤-백)에 넣어 부숙도를 판정한다.

(부 기)

주1. 키트에 이 물질이 묻지 않도록 조심하고 반응된 부위를 손으로 만지지 않도록 주의한다.
주2. 부숙도 판정의 결과
   ○ 부숙완료 – 부숙이 완료됨〈개정 2015. 5. 11.〉
   ○ 부숙후기 – 부숙이 거의 끝나가는 상태〈개정 2015. 5. 11.〉
   ○ 부숙중기 – 부숙기간이 좀 더 필요한 상태
   ○ 부숙초기 – 부숙이 진행되는 초기 상태
   ○ 미 부 숙 – 부숙이 거의 진행되지 않은 상태

나. 암모니아와 이산화탄소 발색반응을 이용한 기계적 부숙도 측정 방법(솔비타, Solvita)를 이용한 측정법

1) 원리

    퇴비 등에서 발생하는 이산화탄소(CO_2) 및 암모니아(NH_3) 가스 농도를 측정하여 발생의 많고 적음에 따라 부숙도 판정

2) 장치

    (1) 측정용 용기, 반응키트(암모니아, 이산화탄소), 판정표 또는 리더기

    (2) 측정조건 : 기기의 사용설명서에 따름

3) 공시료의 조제

    (1), (2) 콤백과 같음

4) 측정

    (1) 부숙도를 평가하기 위하여 Solvita test 용기에 표기된 눈금까지 시료를 채우고 이산화탄소와 암모니아 측정용 패드를 꽂고 공기가 통하지 않게 뚜껑을 덮은 다음 항온(25℃)에서 4시간 방치 후 뚜껑을 열고 패드의 색깔을 즉시 디지털판독기로 읽고(소수점 첫째자리에서 반올림하여 정수로 사용한다.) 부숙지표를 이용하여 부숙도를 판정한다.

[부숙도 판정표 및 기준]

암모니아 \ 이산화탄소	1	2	3	4	5	6	7	8
5	1	2	3	4	5	6	7	8
4	1	2	3	4	5	6	7	8
3	1	1	2	3	4	5	6	7
2	1	1	1	2	3	4	5	6
1	1	1	1	1	1	2	3	4

※ 판정 - 1 : 미부숙, 2 : 부숙초기, 3 : 부숙중기, 4~6 : 부숙후기, 7~8 : 부숙완료

5) 판정표의 4 이상일 때 부숙된 것으로 판정한다.

2. 종자발아법

가. 기계적 측정법 검사 후에도 냄새에 의한 부숙이 의심될 때에는 종자발아법으로 검사할 수 있다.

나. 사용 가능한 종자는 서호무를 사용하되, 서호무 확보가 어려울 경우에는 다른 동일한 품종의 무를 사용할 수 있으며 발아율 85%이상(구입한 종자 포장지에 발아율이 표시되어 있음)인 종자를 사용하여야 한다.〈개정 2015. 5. 11.〉

다. 시료 Ag[A=5×100/(100-수분)]을 취하여 250ml 삼각 플라스크에 넣고 증류수 100ml를 가한 뒤 밀봉하여 항온수조에 넣고 70℃에서 2시간 추출 후 No.2 여과지로 여과하고, 그 여액 5ml를 No.2 여과지 2매를 바닥에 깐 직경 85mm 페트리디시에 가한다. 페트리디시당 종자의 개수는 무 30개로 한다. 대조구[주1]에는 증류수 5ml를 넣고, 대조구와 처리구 전부 3반복으로 한다. 패트리디시는 파라필름으로 감아 수분증발을 막는다. 생육상의 온도를 25℃, 습도는 85%로 하고 빛은 종자의 발아조건에 따르며 특별히 인공적인 빛은 조사하지 않는다.

VI. 사료성분 분석

VI. 사료성분 분석

1. 수분(Moisture)

가. 가열 감량법

1) 기구

건조기(drying oven), 데시케이터(desiccator), 알루미늄 칭량병(crucible), 저울(balance)

2) 가루상태의 시료

미리 건조하여 항량을 구한 알미늄제 칭량병에 시료 2~5g을 정확히 칭량하여 항온건조기로 135℃로 정확히 2시간 또는 105~110℃에서 항량이 될 때까지 건조시켜 데시케이터내에서 30분간 방냉한 다음 무게를 달아 감량을 수분함량으로 한다. 단, 요소제는 75℃에서 4시간 건조한다. (어즙 흡착사료, 당 흡착사료, 글루텐피드는 105℃에서 3시간 건조)(다만, 동시험법의 원리를 이용한 기타의 장치 또는 자동·반자동기기를 사용할 수 있다).

$$수분(\%) = \frac{건조전\ 중량(칭량병+시료) - 건조후\ 중량(칭량병+시료)}{시료중량} \times 100$$

3) 수분이 높은 시료

미리 항량으로 한 대형 칭량병에 일정량의 시료를 달아 60~80℃의 건조기내에서 48시간 예비 건조한 다음 실험실내 상온에서 24시간 방치하여 원물(풍건물)의 수분함량을 구한 후 분쇄하여 다시 이 분쇄된 시료를 상기 2) 가루상태의 시료와 동일한 방법으로 수분을 정량한 후 다음방식에 따라 수분함량을 구한다.

$$W = W1 + \frac{(100 - W1) \times W2}{100}$$

W : 원물의 수분함량(%)
W1 : 예비건조시의 감량(%)
W2 : 풍건물 공시품의 수분함량(%)

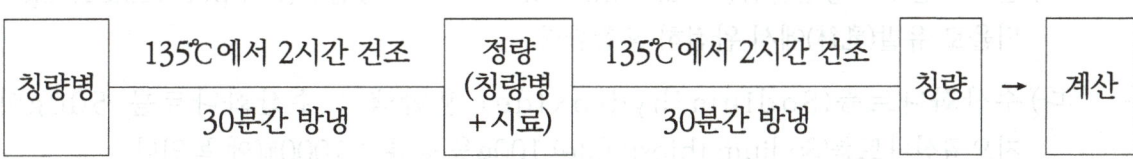

2. 조단백질(Crude protein)

가. 켈달(Kjeldahl) 법

1) 기구

분해 및 증류장치(Kjeldahl nitrogen digestion & distillation apparatus), 켈달 플라스크(Kjeldahl flask), 메스 실린더, 삼각 플라스크, 저울, 자석 교반기, 피펫

2) 시약의 조제

가) 0.1N 염산용액(HCl) : 농염산(비중 1.18) 8.7㎖를 1000㎖ 메스플라스크에 넣고 증류수로 표선까지 채우고 혼합하여 만든다.

※ 염산농도가 35.5%, 비중 1.18 인 것으로 1N 염산을 만들려면 아래의 계산식에 의하여 소요량을 구할 수 있다.

$$1N\ 염산용액 = \frac{36.465(염산분자량) \times 100}{35.5(염산\%농도) \times 1.18(염산비중)} = 87.05㎖/1000㎖$$

※ 0.1N 염산용액의 표정(標定) : 표준 탄산나트륨을 260~270℃에서 약 1시간 가열한 다음 데시케이터내에서 30분간 방냉한다. 이 중에서 1.5g을 정확히 무게를 단 다음 250㎖ 메스플라스크의 표선까지 증류수를 가해 혼합한다. 이중 25㎖(x)를 삼각플라스크에 취하여 메틸오렌지 두 방울을 가하고 0.1N 염산용액으로 적정한다. 황색으로 변하면 담홍색이 될 때까지 일단 2~3분간 끓이고 냉각한 다음 다시 담홍색이 될 때까지 적정하여 이때 소비된 0.1N 염산용액의 소비 ㎖(b)로부터 다음과 같이 0.1N 염산용액의 factor를 구한다.

$$Factor(F) = 188.67 \times \frac{x}{b}$$

x : 25mL 중 탄산나트륨의 무게(g)
b : 적정에 사용된 0.1N 염산 용액 소비량(㎖)

나) 분해촉진제 : 황산칼륨(Potassium sulfate) 9g에 황산동(Copper sulfate) 1g의 비율로 유발(乳鉢)에서 완전히 혼합한다

다) 수산화나트륨(Sodium hydroxide) 혼합액 : 수산화나트륨 500g과 치오황산나트륨(Sodium thiosulfate) 100g을 증류수 1000㎖에 녹인다

라) 지시약 : 브로모크레졸그린(Bromocresol green) 0.5g과 메틸레드(Methyl red) 0.1g을 95%이상의 에탄올(Ethanol) 300㎖에 용해하여 만든다.

마) 4% 붕산(Boric acid)용액 : 붕산 40g을 증류수에 용해하여 1,000㎖로 만든 후 라)의 지시약 4㎖를 가하여 혼합한다.

3) 시료액의 조제(분해)

시료 0.5~1g을 500㎖ 분해 플라스크에 취하고 분해촉진제 7~8g(10g)을 가하여 잘 혼합한 후 H_2SO_4 10㎖를 서서히 가해서 잘 혼합한다. 이를 처음에는 거품이 넘치지 않도록 서서히 가열하다가 거품이 나지 않으면 투명하게 될 때까지 강하게 가열하여 분해시킨다.(분해시간 50~90분)

4) 증 류

300㎖ 삼각플라스크에 4% 붕산용액 25~75㎖(21~63% 조단백질에 해당)를 취하고 지시약 2~3방울을 가하여 냉각기의 관 끝이 붕산용액에 잠기도록 받쳐 놓는다. 그 후 냉각된 분해액에 증류수 200㎖와 아연립(亞鉛粒) 2~3개를 넣고 수산화나트륨 혼합액 45㎖를 가한 다음 즉시 증류장치에 연결하고 서서히 가열하여 증류하는데 분해액의 양이 약 2/3로 줄어들거나 증류액이 120~150㎖ 될 때까지 증류한다.

5) 적 정

증류하여 받은 액을 0.1N-염산용액으로 적정하면 종말점(end point) 부근에서 무색으로 변하며 1~2방울 더 가하여 적갈색으로 변할 때의 0.1N 염산용액 소비 ㎖수를 읽는다.

6) 계 산

0.1N 염산용액 1㎖는 질소(N)0.00140067g에 상당하므로 조단백질 함량은 다음과 같이 계산한다.

$$조단백질(\%) = 0.00140067 \times T \times F \times 6.25 \times 100/W$$

T : 0.1N 염산용액 적정치(㎖) − Blank 적정치
F : 0.1N 염산용액의 Factor
W : 시료무게(g)

나. 자동분석법(Kjeltec Method)

1) 기구 및 시약
분해장치, 시료주입 및 증류장치, 화학천평, 자석교반기, 메스플라스크, 메스실린더, 분해병, 분해병스탠드, 시약 분주기, 황산(시약 1급)

2) 시약의 조제
0.1N 염산 : 농염산(비중 1.18) 87㎖를 증류수로 희석 10ℓ로 하고 factor를 구하였다.

* factor 구하는 방법 : 표준탄산나트륨(Sodium carbonate)을 260~270℃에서 약 1시간 동안 가열한 다음 데시케이터 내에서 30분간 방냉하여 이 중에서 1.5g을 정확히 칭량하고 증류수로 용해 후 250㎖ 메스 플라스크의 표선을 맞추고 혼합한 후 이 중 25㎖(x)를 취하여 메틸 오렌지(Methyl orange) 두 방울을 가하고 0.1N 염산을 서서히 떨어뜨려 황색에서 담홍색이 될 때 일단 2~3분간 끓이고 냉각 후 다시 담홍색이 될 때까지 적정한다. 이 때 소비된 0.1N 염산용액의 소비 ㎖(b)로부터 다음과 같이 0.1N 염산용액의 factor를 구한다.

$$\text{Factor(F)} = 188.67 \times \frac{x}{b}$$

x : 25 mL 중 탄산나트륨의 중량(g)
b : 적정에 사용된 0.1N HCl 용량(㎖)

가) 분해촉진제 : 황산칼륨(Potassium sulfate : K_2SO_4) 10g에 황산동(Copper sulfate : $CuSO_4 \cdot 5H_2O$) 1g의 비율로 유발(乳鉢)에서 완전히 혼합하여 사용하거나 Kjeltab을 이용한다.

나) 40% 수산화나트륨용액 : 수산화나트륨(Sodium hydroxide : NaOH) 4kg을 증류수에 녹여 10ℓ로 한다.

다) 1% 붕산용액 : 붕산(Boric acid : H_3BO_3) 100g을 증류수에 용해하여 10ℓ로 하고 여기에 브로모크레졸 그린과 메틸레드 용액(Bromocresol green 100㎎과 Methyl red 100㎎을 각각 Methanol 100㎖에 용해) 각각 100㎖와 70㎖를 가한다.

3) 시료액의 조제(분해)
시료 0.7~1g을 분해병에 취하고 분해촉진제 7~8g을 가하여 잘 혼합한 황산(Sulfuric acid, H_2SO_4) 10㎖를 서서히 가해서 잘 혼합한다. 이를 처음에는 거품이 넘치지 않도록 서서히 가열하다가 거품이 나지 않으면 투명하게 될 때까지 강하게 가열하여 분해시킨다.
(시료를 칭량하여 분해튜브에 넣고 여기에 분해촉진제와 농황산 12㎖를 가한 다음 미리 예열시킨 분해장치에서 가열·분해시킨다.)

4) 분석방법(기기 작동방법)
   자동분석기의 작동방법에 따라 측정한다.

다. 자동분석법(Dumas method)

1) 기구 및 시약
   고온 연소장치, 질소수집장치(측정장치를 갖추고 있어야 하며 기기 장치에 적합한 악세사리 및 시약), 저울

2) 시료의 준비
   30 sieve체를 통과한 시료로서 뚜껑이 있는 시료병에 보관한다.

3) 방법
   가) 기기의 조작법에 따라서 기기를 가동시킨다.
   나) 연소로가 온도평형을 유지한 다음 시작하여 정상가동 여부를 확인한다. 이때 연소로의 온도는 권장 적정온도 범위(850~1050℃) 이내에 있어야 한다.
   다) 연소로 아래 부분에는 stainless steel screen과 glass wool을 삽입한 다음 연소관을 준비한다.
   라) 적정량의 시료를 시료용기(tin foil 또는 boat)에 취한다.
   마) 무게를 달 때는 무게변화를 방지하기 위해 가급적 1분 이내에 완료한다.
   바) 시료를 취한 시료 용기를 시료 주입장치를 이용하여 기기 분석을 한다.
   사) 표준시약을 이용하여 표준곡선을 구한 다음 시료의 농도를 구한다.
   아) 질소 함량에 단백질 환산계수를 곱하여 조단백질 함량을 구한다.

3. 조섬유(Crude fiber)

가. 헨네베르크 · 스토오만개량법에 의한 정량법

1) 기구

정온건조기, 전기로(Muffle furnace), 톨비커(tall beaker, 200㎖눈금), 유리여과기(1G2), 스텐레스금망(0.044㎜), 세척병, 여과대, 진공펌프 또는 수류펌프, 조섬유 자비기, 데시케이터

2) 시약의 제조

가) 5% 황산액(H_2SO_4, w/v) : 농황산(비중1.84) 27.2㎖를 증류수에 희석하여 1,000㎖로 한다.

나) 5% 수산화나트륨액(NaOH, w/v) : 수산화나트륨 50g을 증류수에 용해하여 1,000㎖로 한다.

3) 정량법

시료 1~2g(지방함량이 많은 것은 탈지하거나 조지방을 정량한 후 남은 찌꺼기 시료 잔사를 사용)을 500㎖ 톨비커에 취하고 5% 황산액 50㎖와 증류수 150㎖를 가하고 거품방지제 2~3방울 떨어뜨린 다음 30분간 끓인 후 스텐레스 금망(0.044㎜)으로 여과하여 잔사(殘渣)를 산성이 완전히 없어질 때까지 뜨거운 증류수로 여러 번 세척한다.

산 불용해물은 증류수 130~140㎖로 톨비커에 씻어 넣고 5% 수산화나트륨용액 50㎖를 가한 다음 200㎖ 표선까지 증류수로 채운다. 다시 30분간 끓이고 No.5A 여과지 또는 유리여과기 1G2(135℃에서 2시간 건조하여 항량을 구한 것)로 여과하는데 알카리성이 없어질 때까지 뜨거운 증류수로 세척한 다음 다시 95% 에틸알콜로 3회, 에틸에테르로 2회 세척하고 95~100℃에서 2시간 예비 건조한 다음 135℃에서 2시간 건조 후 데시케이터내에서 30분간 방냉한 다음 칭량 후 5A여과지에 사용시에는 자제크루시블(600℃ 전기로에서 2시간 태워 항량을 구한 것)에 넣고, 유리여과기의 경우 직접 전기로에 넣어 600℃에서 2시간 회화하고 40분간 데시케이터내에서 방냉한 후 무게를 측정한다. (다만, 동시험법의 원리를 이용한 기타의 장치 또는 자동 · 반자동기기를 사용할 수 있다.)

4) 계 산

$$조섬유(\%) = \frac{d - a}{s} \times 100$$

d : 분해후 여과한 잔사의 건조중량(g)
a : 잔사를 회화한후 남은 회분량(g)
s : 공시료의 중량(g)

나. 자동분석법(여과포 분석법)

1) 기 구

여과포(Filter Bag)를 사용하는 자동 조섬유 분석장치, 건조기(102±2℃), 전기회화로(600℃±15℃), 여과포, 열 밀봉기, 방랭파우치

2) 시약의 제조

가) 1.25% 황산용액(H_2SO_4)
나) 1.25% 수산화나트륨액(NaOH)

3) 분석방법

가) 용제 내에서 내산성인 마커펜을 이용하여 여과포 표면에 식별번호를 표기한다. 저울천칭의 영점을 맞추고 빈 여과포의 무게(W1)를 재어 기록한다.
  * 주의 : 여과포를 미리 건조시키지 말 것

나) 각각의 여과포에 0.95-1.00g의 시료를 넣고 무게(W2)를 측정한다.

다) 바탕값 보정(C)을 위해 적어도 하나의 빈 여과포를 실험에 같이 진행한다.

라) 열 밀봉기를 사용하여 여과포의 윗부분을 완벽하게 밀봉한다(윗부분에서 4-5mm 아래 부분)
  * 주의 : 밀봉한 후 열 밀봉기에서 여과포를 분리하기 전 냉각 시간을 충분히 준다.

마) 비커(250ml)에 여과포를 넣고 석유에테르(petroleum ether)를 잠길 정도로 붓고 30분간 탈지한다. 면실, 대두박, 코코넛, 애완동물 사료 같이 지방이 많은 시료는 시료특성에 따라 1~3시간 혹은 24시간 탈지해서 지방을 완전히 제거해야한다.
  * 주의 : 석유에테르는 가연성이 크므로 정전기 발생을 피한다. 탈지가 끝나면 용제를 버린 후 여과포를 가볍게 눌러 용제를 최대한 많이 뺀 후 그물망에 평평하게 겹치지 않게 놓은 후에 용제를 완전히 증발시킨다. 완전히 마르면 여과포를 흔들거나 탁탁 쳐서 여과포 안의 시료가 고르게 분산되고 뭉치지 않도록 한다.

바) 잘 건조된 여과포를 여과포걸이(suspender tray)에 층층이 쌓아 기계 안에 넣고 기기를 작동한다.

사) 조섬유 추출과 헹굼 처리가 끝나면 뚜껑을 열고 여과포를 꺼낸다. 여과포에서 과도한 수분을 부드럽게 눌러 짜낸다. 여과포를 비커에 넣은 다음 아세톤(또는 에테르)을 여과포가 잠길 만큼 붓는다.

아) 아세톤에서 여과포를 꺼내 철망그물 위에 놓고 아세톤을 증발시킨다. 아세톤을 증발시킨 여과포를 102±2℃ 건조기에서 완전히 건조시킨다.

  * 주의 : 아세톤이 완전히 증발될 때까지 건조기에 여과포를 넣지 않도록 한다.

자) 건조기에서 여과포를 꺼내어 방랭 파우치에 곧바로 넣은 다음 손으로 눌러 평평하게 하여 공기를 빼낸다. 실온이 될 때까지 냉각하여 여과포의 무게를 측정한다. 여과포를 담을 도가니(crucible)의 무게를 잰 후, 각각의 여과포를 도가니에 넣고 도가니 + 여과포의 무게(Wa)를 계산한다.

차) 600±15℃의 회화로에서 2시간 동안 회화시킨다. 회화가 끝나면 도가니를 어느 정도 식힌 후 (150℃ 정도까지) 데시케이터에 넣고 실온까지 식힌다. 충분히 식으면 데시케이터에서 도가니를 하나씩 빼내어 도가니 + 회화된 여과포의 무게(Wb)를 측정해 손실된 유기물질(loss of organic matter, W3)을 계산한다.

4) 계 산

$$조섬유(\%) = \frac{(W3 - (W1 \times C))}{W2} \times 100$$

* $W1$: 여과포의 자체 무게
  $W2$: 시료의 무게
  $W3$: 유기물질 무게(여과포와 섬유 연소로 인한 무게 손실)
  $W3 = Wa - Wb$
    Wa = 도가니 + 건조 후 여과포의 무게
    Wb = 회화 후 도가니 + 여과포의 무게

  C : 빈 여과포의 회분(ASH) 보정 값

$$C = \frac{(C2 - C3)}{C1}$$

  $C1$ = 빈 여과포의 무게
  $C2$ = 도가니 + 건조 후 빈 여과포의 무게
  $C3$ = 회화 후 도가니 + 빈 여과포의 무게

4. 조지방(Crude fat, ether extract)

가. 에테르 추출법(Ether extract)

1) 기구 및 시약

지방 추출장치(soxhlet extractor), 건조기, 데시케이터, No. 2 여과지, 에틸에테르

2) 추 출

지방 정량병을 95~100℃에서 2시간정도 건조하고 데시케이터 내에서 30분간 방냉 후 칭량(秤量)하고 시료 2~3g을 No.2여과지에 싸서 95~100℃ 에서 2시간 건조시킨 다음 지방추출장치에 넣고 에테르를 부어 80℃로 가열하여 8시간 지방을 추출한 다음 에테르를 회수하고 지방 정량병을 95~100℃에서 3시간 건조 후 데시케이터 내에서 40분간 방냉 후 칭량하여 지방 정량병의 중량을 감(減)한 것을 시료량에 대한 백분율을 구하여 조지방 함량으로 한다. (다만, 동시험법의 원리를 이용한 기타의 장치 또는 자동·반자동기기를 사용할 수 있다.)

3) 계 산

$$조지방(\%) = \frac{추출후\ 지방\ 정량병중량 - 추출전\ 지방\ 정량병중량}{시료중량} \times 100$$

나. 산분해 에테르추출법 〈팽화사료(extrusion) 및 보호지방의 정량〉

1) 기구 및 시약

비커, 수조, 분액깔대기, 데시케이터, 지방추출장치(soxhlet extractor), 에틸알콜, 에틸에테르, 염산

2) 추 출

분석시료 2g을 300㎖ 비커에 정확히 취하고 에틸알콜 2㎖가하여 혼합하고 염산용액(4+1) 20㎖를 넣고 시계접시를 덮어 70~80℃ 수욕상(water bath)에서 60분간 가끔 흔들어주면서 가온한다. 방냉 후 내용물을 250㎖ 분액깔대기에 옮기고 비커에 에틸알콜 10㎖, 에틸에테르 25㎖순으로 씻어 분액깔대기에 넣고 다시 에틸에테르 75㎖를 가하여 3분간 진탕한다. 정치 후 하층(수층)의 액을 다른 분액깔대기에 옮기고 상층의 에테르 층은 탈지면으로 여과하여 지방병에 받고

에테르를 회수한다. 이와 같이 에테르 추출은 3회 이상 반복하여 지방을 모은 후 지방병을 95~100℃에서 3시간 동안 건조하고 데시케이터 내에서 40분간 방냉 후 칭량(秤量)하여 지방병의 중량을 감한 것을 시료량에 대한 백분율을 구하여 조지방 함량으로 한다.

다. 황혈염 추출법 〈유지방(乳脂肪)정량법〉

1) 기구 및 시약

  삼각 플라스크, 수조, 유발, 그 외 에테르 추출법과 동일, 해사(sea sand), 염산용액(2+1), 황혈염용액(황혈염(Potassium ferrocyanide) 15g을 증류수에 녹여 1,000㎖로 한다), 초산아연 용액(초산 아연(Zinc acetate) 320g 증류수에 녹여 1,000㎖로 한다)

2) 추 출

  시료 5g을 200㎖ 삼각flask 에 취하고 증류수 50㎖를 가한 후 중탕으로 용해 후 염산용액(2:1) 1㎖를 가하고 15분간 서서히 끓인다. 냉각 후 황혈염 용액 5㎖, 초산아연용액 5㎖를 넣어 잘 혼합하고 침전물을 Whatman No 2 여과지로 여과 후 증류수로 2~3회 씻어주고 여과지의 침전물에 해사 5g을 가하여 잘 혼합시켜 98~100℃에서 건조시키고 유발에 옮겨 균등히 갈아서 분말로 하여 내용물을 원통여과지에 옮기고 유발에 부착된 분말은 에테르로 축여서 탈지면으로 닦아 원통여과지에 넣고 속시렛 장치에 연결하여 에테르 추출법과 동일한 방법으로 추출한다.

라. 필터백 분석법

1) 기구 및 시약

  조지방분석기, 건조기(102±2℃), 여과포(Filter Bag), 열 밀봉기, 방냉파우치, 마킹펜(용제와 산성에 견딜 것), 석유 에테르(Petroleum Ether) 또는 디에틸에테르(Diethyl Ether)

2) 방 법

  가) 마커펜을 이용하여 여과포 표면에 식별번호를 표기한다.
  나) 각각의 여과포에 0.95-1.00g의 시료를 넣고 무게(W1)를 측정한다.
  다) 열 밀봉기를 사용하여 여과포의 윗부분을 완벽하게 밀봉한다.
  라) 봉합된 여과포를 102℃ 건조기에서 2-3시간동안 건조시킨 다음 방냉파우치에

넣고 방냉 후 각각의 여과포 무게(W2)를 잰다.
마) 여과포를 필터백홀더에 꽂은 후 추출용기에 넣고 추출한다.
바) 여과포를 추출용기에서 꺼내어 102℃ 건조기에서 30분 정도 건조한 다음 건조파우치에 넣어 방냉 후 무게(W3)를 잰다.

3) 계 산

$$조지방(\%) = \frac{W2 - W3}{W1} \times 100$$

W1 : 시료무게
W2 : 처음 건조 후 시료무게(시료+필터백), 수분을 제거한 무게
W3 : 추출 후 건조무게(시료+필터백), 지방을 제거한 무게

5. 조회분(Crude ash)

가. 기구

전기로, 자제 크루시블, 데시케이터, 저울

나. 정량법

600℃ 전기로에서 1~2시간 태운 크루시블을 데시케이터내에서 40분간 방냉 후 칭량한 다음 시료 2~3g을 취하여 전기곤로 또는 가스버너로 열을 가하여 예비 회화시킨 후 600℃ 전기로에 넣어 2시간 태운 다음 데시케이터내에서 40분간 방냉 후 칭량하여 이 중량으로부터 크루시블의 중량을 감(減)한 것을 조회분 함량으로 한다.(다만, 동시험법의 원리를 이용한 기타의 장치 또는 자동·반자동기기를 사용할 수 있다.)

다. 계산

$$조회분(\%) = \frac{회화\ 후\ 무게(시료+크루시블) - 크루시블\ 무게}{시료중량(g)} \times 100$$

6. 가용무질소물(Nitrogen free extract)

시료를 100으로 하여 여기에서 수분, 조단백질, 조지방, 조섬유, 조회분 함량(%)을 감해서 구한다.

$$NFE = 100 - [수분(\%) + 조단백질(\%) + 조지방(\%) + 조섬유(\%) + 조회분(\%)]$$

NFE의 주성분은 가용성 당과 전분이고 일부 cellulose와 hemi cellulose 및 lignin이 포함된다. 특히 조사료 분석시 NFE 중에는 농후사료보다 상당량의 cellulose, hemicellulose 및 lignin이 포함되어 있다.

7. NDF(Neutral detergent fiber)

가. 기구

조섬유자비기, 건조기, 전기로, 진탕기, 여과병, 초자여과기(IG2), 진탕배양기

나. 시약의 조제

1) 중성 Detergent용액 : Sodium Lauryl Sulfate[$CH_3(CH_2)OSO_3Na$: 288.38]150g, EDTA Disodium Salt [$CH_2N(CH_2COOH)CH_2COONa_2 \cdot 2H_2O$: 372.25] 93.05g, Sodium Borate ($Na_2B_4O \cdot 10H_2O$: 381.37) 34.05g, Sodium Phosphate, dibasic ($NaHPO_4 \cdot 12H_2O$) 22.8g, Ethylene Glycol Monoethyl Ether ($C_2H_5OCH_2CH_2OH$: 90.12) 50㎖를 H_2O 5ℓ에 용해 후 pH가 6.9~7.1 되게 Sodium Carbonate 용액과 묽은 염산을 사용하여 조정한다. 이 액은 겨울철에는 굳어지므로 가온하여 용해 후 사용한다.

2) 소포제(消泡劑) : Decalin

3) 아세톤 : 시약 1급

4) α-amylase용 인산완충액 : 인산1칼륨(KH_2PO_4) 60g과 인산2나트륨($Na_2HPO_4 \cdot 12H_2O$) 19.9g을 H_2O에 용해하여 5ℓ로 한다.(pH 5.8)

5) α-amylase용액 : pH 5.8 인산완충액 20㎖에 α-amylase 1㎎의 비율로 용해한다. 이 용액은 사용직전에 만드는데 현탁액이다.

6) 무수황산나트륨 : 시약특급

다. 방 법

1) 조사료

   풍건사료(風乾飼料) 1g을 500㎖ 톨비커에 취하고 중성 Detergent 용액 100㎖와 Decalin 2㎖, Sodium Sulfite 0.5g을 가해 조섬유 정량용 자비기에서 1시간 끓인 다음 유리여과기(1G2)를 사용하여 흡인여과하고 뜨거운 물과 아세톤으로 씻어주고 풍건 후 105℃ 건조기내에서 4시간 건조하여 무게를 달고 계산한다. (다만, 동시험법의 원리를 이용한 기타의 장치 또는 자동·반자동기기를 사용할 수 있다.)

$$NDF(\%) = \frac{건조\ 후\ 무게\ -\ 유리여과기\ 무게}{시료중량} \times 100$$

2) 전분을 함유한 시료

   시료 0.5~1g을 100㎖ 삼각 후라스크에 취하고 H_2O 20㎖를 가한다. 이것을 가열판 위에 올려놓고 가열하여 전분을 호화(糊化) 시키는데 끓는 상태가 되면 조작을 중지하고 냉각 후 20㎖의 α-amylase 용액을 가하여 40℃ 진탕 배양기에서 16시간 전분을 가수분해한다. 그 후 잔사를 No. 5A 여과지에 여과하고 H_2O로 3~4회 세척한 다음에 세척병에 중성 Detergent 용액을 넣어 여지에 남아 있는 잔사를 500㎖ 톨비커에 씻어 넣고 전체량을 100㎖로 한 후 Decalin을 3~5방울을 가하고 조섬유 자비기에서 1시간 끓이고 미리 함량을 구한 유리여과기(1G2)로 여과하고 H_2O로 6~7회 세척하여 잔존 계면활성제를 씻어 내린 후 Acetone으로 3~4회 세척한다. 그 후 135℃ 건조기에서 2시간 건조하고 냉각 후 칭량하여 세포막 물질(CW)을 구하고 세포내용물(CC)의 함량은 100에서 CW의 건물 중 함량(%)을 제하여 구한다.(다만, 동시험법의 원리를 이용한 기타의 장치 또는 자동·반자동기기를 사용할 수 있다.)

8. ADF(Acid detergent fiber)

가. 기구

조섬유자비기, 건조기, 여과병, 유리여과기(1G2)

나. 시약의 조제

1) 산성 Detergent 용액 : Cetyltrimethylammonium Bromide (CETAB) 20g을 1L의 1N H_2SO_4에 가열 녹인다. 겨울철에는 보관중에 시약이 굳어지므로 가온 용해하여 사용한다.

2) 소포제 : Decalin
3) Acetone : 시약 1급

다. 방법

시료 2g을 500㎖ 톨비커에 취하고 100㎖ 산성 Detergent 용액과 2㎖ Decalin을 가해 조섬유자비기에서 1시간 끓이고 유리여과기(1G2)로 흡인여과하고 뜨거운 물로 2회 씻어 주고 남은용액이 무색이 될 때까지 Acetone으로 씻어주고 풍건 후 105℃의 건조기내에서 4시간 건조 후 무게를 단다.(다만, 동시험법의 원리를 이용한 기타의 장치 또는 자동·반자동기기를 사용할 수 있다.)

$$ADF(\%) = \frac{건조 후 무게 - 유리여과기 무게}{시료중량} \times 100$$

VII. 초음파 육질진단

Ⅶ 초음파 육질진단

1. 초음파란 무엇인가?

- 주파수란 1초에 진동하는 주기의 횟수를 의미(단위 : Hz)
- 사람이 들을 수 있는 범위는 1초에 20번 진동하는 소리부터 20,000번 진동하는 소리까지임(20Hz~20,000Hz) → 이를 가청 주파수라 함
- 초음파란 사람이 들을 수 있는 주파수 범위 이상의 진동을 갖는 소리
  - 보통 20,000Hz~30MHz까지의 음파
  - 동물 진단에 이용되는 초음파는 보통 1MHz~10MHz까지
  - 생체조직 진단용에는 1MHz~3.5MHz의 초음파 이용

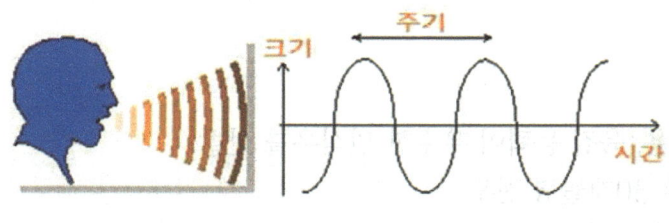

〈그림 7-1〉 소리의 진동

- 초음파 진단기는 기본적으로 생체 내부의 속도를 1,540m/s라 가정하고 제작

2. 초음파의 기본원리

- 초음파는 성질이 다른 2개의 매질 경계면에서 반사하고, 그 반사파가 화상에서 하얗게 나타남
- 액체 혹은 고체에서는 전파가 진행, 공기에서는 전파하지 않음
- 생체 내 지방층에서의 속도는 1,450m/sec로 가정한 속도와 차이가 있으므로, 장기 내부가 잘 보이지 않거나, 보여도 오차를 갖게 되는 원인이 됨
- 초음파가 물체를 통과해서 전달되기 어려운 정도를 나타내는 척도로 전기저항(impedance)을 사용
  - 이 전기저항은 생체 조직마다 서로 다른 값을 갖음
- 육질 판정용에 주로 사용되는 것은 선형 탐촉자(진단기구, probe)임
  - 압전소자를 직선으로 배열해 둔 형태로서
  - 화면에 표시되는 영상은 직사각형으로, 탐촉자의 길이에 비례하는 크기를 나타냄

- 초음파가 탐촉자의 표면에서 직선으로 발사되기 때문에, 영상을 얻고자 하는 부위에 공기나 뼈 등의 장애물이 없어야 좋은 영상을 얻을 수 있음

3. 초음파 기술의 활용분야

가. 씨수소 선발
- 초음파에 의한 육질 판정의 정확도가 아주 높으면, 후대검정을 거치지 않고 당대에서 바로 씨수소를 선발하여 활용 가능
- 초음파기의 정확도가 60%만 되어도, 기존의 개량량과 같은 개량효과를 가져옴
- 씨수소 선발에 초음파기술을 적용시키면 개량효율 증대 가능
  - 당·후대검정을 걸쳐 씨수소로 선발되는 현행 검정체계보다 세대간격을 훨씬 앞당겨 개량 효율을 높일 수 있음

나. 번식우 선발
- 초음파 기술을 이용, 육질 능력이 우수한 번식우를 선발
  - 측정 시기 : 생후 30개월령 전후
  - 초음파 판독 화상에 의한 근내지방도 3 이상
- 번식용 암소의 초음파 측정으로 산육(등심단면적, 등지방두께)형질 및 육질(근내지방도) 형질을 추정하여, 씨수소와 계획교배가 가능
- 균일화되고 안정적인 송아지의 생산 기반을 갖출 수 있어, 번식 효율 증대 가능

다. 비육우의 출하적기 판단
- 비육우의 비육 시점부터 종료 시까지 초음파를 측정하여, 단계적으로 산육 및 육질형질을 추정
- 비육기간 중의 사양형태에 따라 산육형질에 대한 발육 변화의 차이를 볼 수 있음
- 비육기간 중 일정시기에 초음파를 측정하여 비육 종료 시기를 명확히 판단 가능, 비육종료 후의 도체 실측값을 비육 도중에 예측 가능

4. 초음파 진단 요령

가. 진단 전 준비작업
- 진단 전에 반드시 숙지해야 할 점은 측정하는 사람의 안전에 최우선을 두는 것임
- 초음파장비 본체는 소로부터 최대한 멀리하여 기기가 망가지는 일이 없도록 주의

- 겨울철 : 오일이 얼어 점도가 많이 떨어지므로, 따듯한 물에 오일을 데워 소의 몸 온도에 맞추어 주어야 제대로 된 초음파 영상을 얻을 수 있음
- 여름철 : 기기의 내부온도가 너무 높으면 기기에 무리를 줄 우려가 있으므로 송풍시설도 갖추는 것이 좋음

나. 소의 보정(잡아매기)

- 소가 움직이면 정확하고 뚜렷한 영상을 얻을 수 없음
- 소를 보정틀 또는 우형기(소저울)에서 움직이지 못하도록 보정
  - 이러한 시설이 없는 우사 : 목 부위를 단단히 잡아 맨 후 2~3분쯤 충분히 안정을 시킨 후에 진단
- 소의 자세는 평편한 자리에서 다리를 곧게 펴고, 소의 머리와 등이 일직선이 되도록 곧바르게 서있는 상태가 좋음

〈그림 7-2〉 보정된 소의 모습

다. 진단 위치

- 우리나라에서 등급을 판정하는 부위가 소를 뒤에서 보았을 때 좌측이므로, 진단 위치도 동일하게 하는 것이 바람직
- 진단 부위는 마지막 갈비와 첫 번째 요추사이

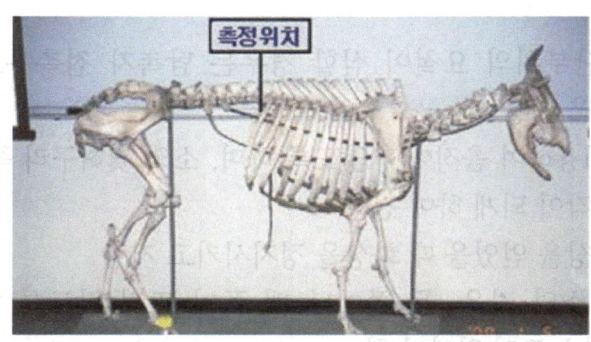

〈그림 7-3〉 초음파 진단 위치

- 진단 부위의 촉진(손가락으로 만져 진단하는 방법)
  - 소의 배 쪽에서 마지막 갈비를 만진 후, 갈비를 따라 올라 가다가 갈비가 만져지지 않을 때 곧바로 수직으로 올라가면 등 쪽에 움푹 파인 곳임
- 이곳이 뼈가 연결되는 부위인 극상돌기임. 이곳에 탐촉자를 대고, 등선과 직각이 되도록 배 쪽으로 내려오면서 진단

라. 진단부위 털깎기 및 이물질 제거

- 소를 보정한 후, 복부 좌측의 진단부위의 털을 깎음
- 털 깎는 정도 : 제13흉추와 요추가 만나는 점을 기준으로 등 중심선에서 복부 쪽으로 15(가로)×30㎝(세로) 정도의 크기로 깎음
- 특히 톱밥우사에서 비육한 소의 경우에는 털 사이에 톱밥 등 이물질이 끼어 있으면 좋은 화상을 얻을 수 없음
- 여름철에는 털이 짧아 깎지 않아도 무방하나, 이물질은 반드시 제거해야 함
- 이물질 제거가 잘 되지 않을 때에는, 기름을 적당히 바른 후 등긁이로 긁어 줌
- 이물질 제거 후, 식용유 또는 유동파라핀 오일을 충분히 바른 후 측정

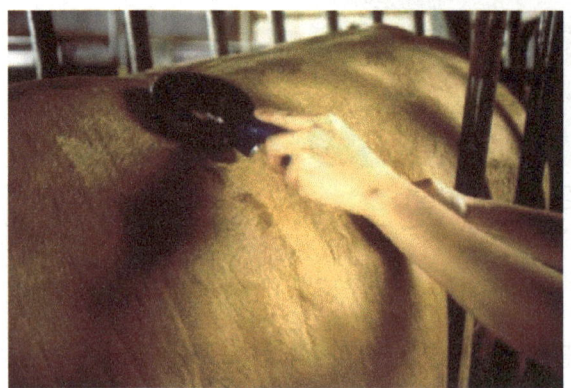

〈그림 7-4〉 털깎기 및 이물질 제거

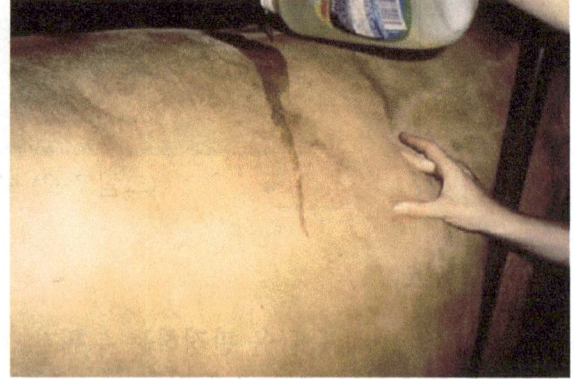

〈그림 7-5〉 기름 바르기

마. 초음파 진단

- 어린 소이거나 진단부위의 요철이 심할 경우는 탐촉자 접촉용으로 시판되고 있는 실리콘 종류의 물질을 사용
- 탐촉자는 두 손을 이용하여 움직이지 않도록 하며, 소의 윗허구리 꼭지점을 기준으로 등 중심선에 대하여 직각이 되게 하여 진단
- 정확하고 선명한 화상을 얻었을 때 화상을 정지시키고 저장
- 암소나 약간 마른 소의 경우, 등 쪽이나 배 쪽이 뜨지 않도록 약간 눌러주는 것은 무방하나, 너무 세게 누르지 않아야 함

Ⅶ. 초음파 육질진단

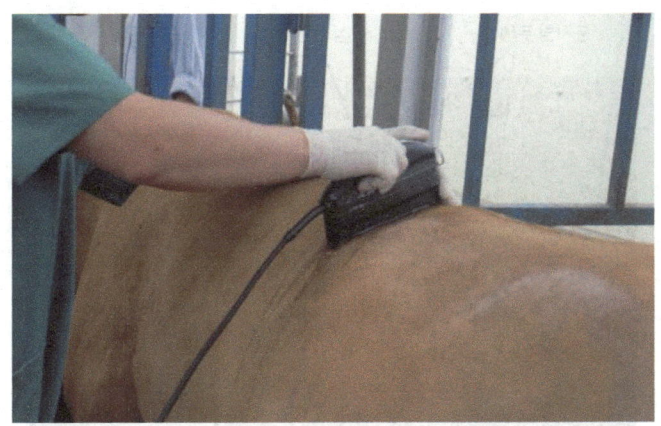

〈그림 7-6〉 초음파 진단 장면

5. 초음파 화상(畵像) 판독

가. 등 중심선 판단

- 등 중심선 : 등 쪽 부위 등심에서 오른쪽으로 검게 보이는 부분
- 등 중심선이 화면에 많이 잡히면, 등심 좌측 부분이 많이 잘려나가 등심 크기를 재기가 곤란
- 등 중심선은 화면에 최소한으로 비칠 만큼만 보이게 측정

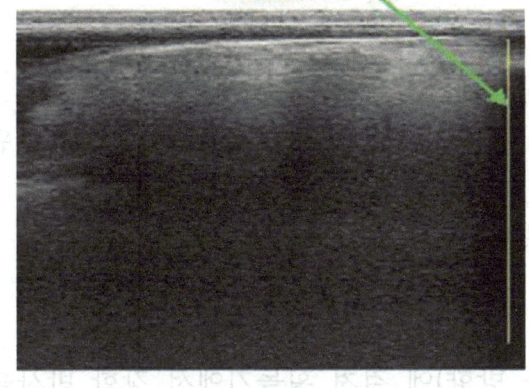
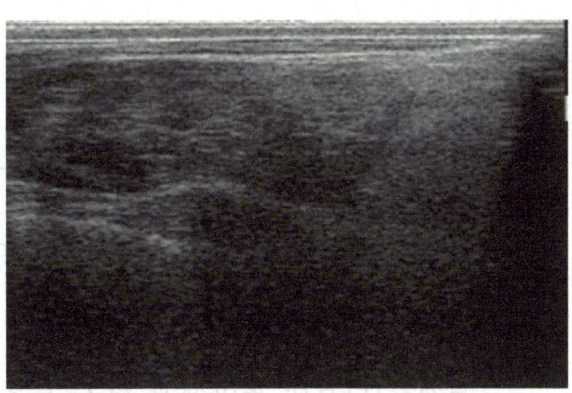

〈그림 7-7〉 등 중심선의 화상

나. 표피(겉가죽)

- 초음파 화상의 맨 위에 나타나는 검은 층이 표피층임(그림 7-8)
- 한우의 표피 두께는 5㎜ 이내로 거의 일정

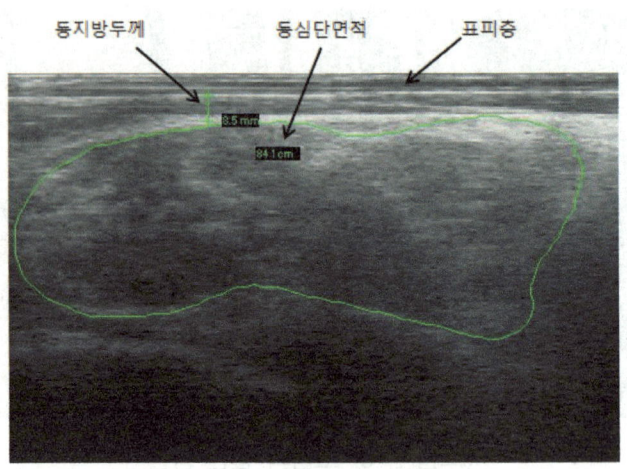

〈그림 7-8〉 초음파 화상의 경계

다. 등지방 두께

- 화상의 위에서 2번째로 나타나는 검은 층이 등지방층임
- 등지방 두께는 일반적으로 등심 우측(등 방향)에서 얇고, 좌측(복부 방향)으로 내려감에 따라 두꺼워지는 경우가 많음
- 등지방층과 등심 경계에서 또 다른 연속적인 반사가 나타날 경우가 있는데, 이는 제2지방층임
- 등지방두께는 등심을 세로로 3등분하여 등 쪽에서 2/3되는 지점에서 진단

라. 등심 단면적

1) 등심 좌측(복부방향) 경계
   - 등심좌측에서 반사파가 불연속적으로 나타나는데, 등심 하단부를 향하여 반원 형태를 보임
   - 횡격막 부분 위에 있는 장늑근의 우측으로 내려옴

2) 등심 하단부의 경계
   - 등심 하단부의 중앙에서 다소 우측(등 방향)에 걸쳐 횡돌기에서 강한 반사를 나타내는 부위임
   - 근내지방도가 낮으면 등심 아래의 윤곽이 뚜렷하고, 높으면 윤곽을 잘 알 수 없음

3) 등심 우측(등 방향)의 경계
   - 배다열근과 횡돌간근의 좌측이 등심 우측의 경계로 역 S자 모양
   - 근내지방도가 높은 경우 경계를 알기 어려움

• 등중심선으로부터 약 2cm 정도 떨어진 위치

마. 근내지방도(筋內脂肪度) 판독

- 등심단면 안에 나타난 반사파의 크기와 출현율 및 분포 정도를 함께 고려하여 근내지방도를 평가
- 근내지방도 높은 화상
  - 반사파 크기는 작고 부드러우며, 전체에 넓게 고루 분포된 것
  - 등심 아래쪽 경계면을 잘 알 수 없음
- 근내지방도 낮은 화상
  - 반사파가 부분적으로 밝으며 크고 굵게 나타남
  - 등심 내 검은 부분이 많이 나타나고, 아래 부분의 경계가 뚜렷하게 나타남

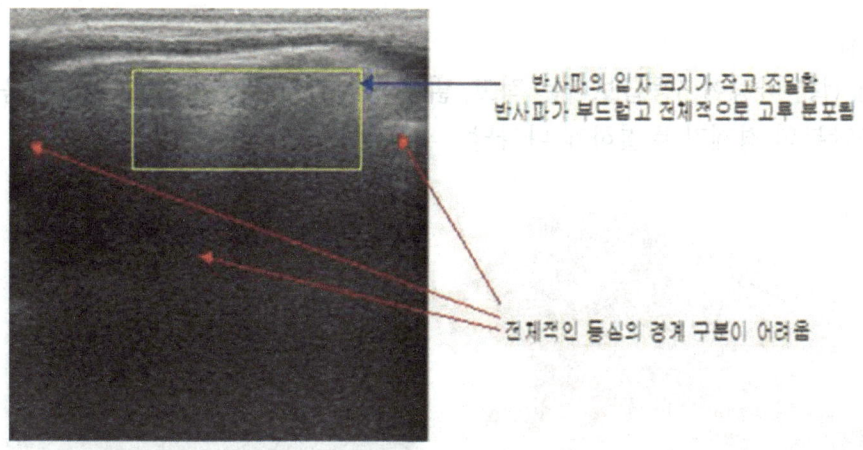

〈그림 7-9〉 근내지방도 높은 화상

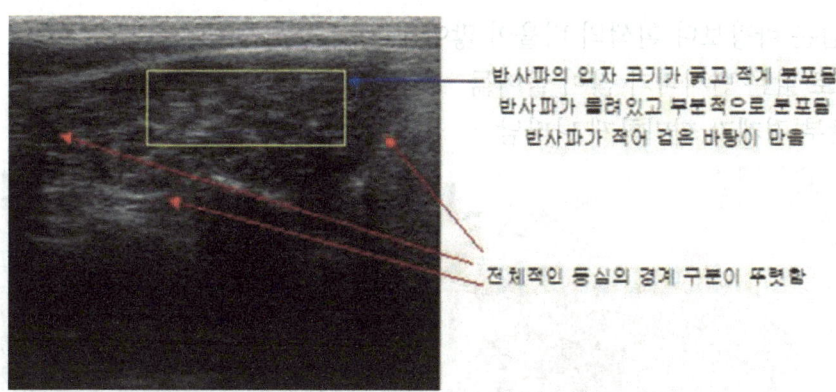

〈그림 7-10〉 근내지방도 낮은 화상

바. 초음파 화상의 육질 등급별 기준

1) 육질 3등급
- 등심 내 반사파가 적어서 전체적으로 검은색의 비율이 많음
- 부분적으로 밝은 반사파가 많이 모여 있음
- 등심 하단부의 경계가 뚜렷하게 나타남

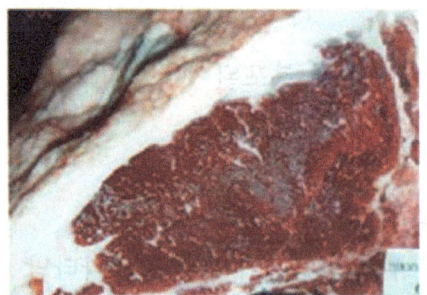 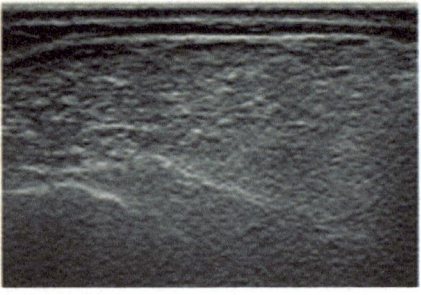

〈그림 7-11〉 육질 3등급

2) 육질 2등급
- 등심 내 검은 바탕이 3등급보다는 적고, 밝은 반사파가 부분적으로 모여 있음
- 등심 하단부의 경계가 뚜렷하게 나타남

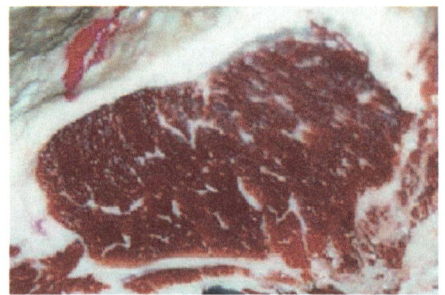 

〈그림 7-12〉 육질 2등급

3) 육질 1등급
- 등심 내 검은 바탕보다 흰색의 비율이 많아짐
- 부분적으로 밝은 반사파가 많이 줄어듦
- 등심 하단부 경계가 희미하게 나타남

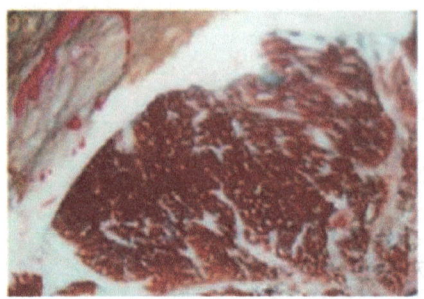 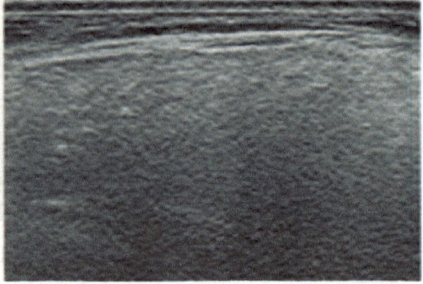

〈그림 7-13〉 육질 1등급

4) 육질 1⁺등급
- 등심 내부가 전체적으로 흰색의 비율이 많음
- 부분적으로 모여 있는 반사파가 거의 없음
- 등심 하단부 경계가 보이지 않음

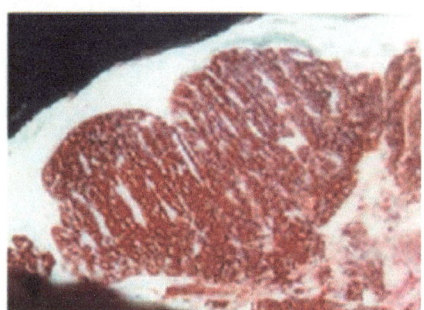

〈그림 7-14〉 육질 1+등급

5) 육질 1⁺⁺등급
- 등심 내부가 전체적으로 흰색 비율이 많고, 1⁺ 등급보다 부드러움
- 부분적으로 모여 있는 반사파가 전혀 없음
- 등심 하단부 경계가 보이지 않음

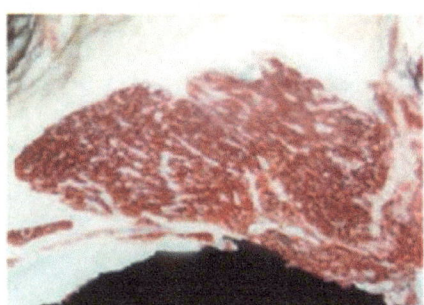
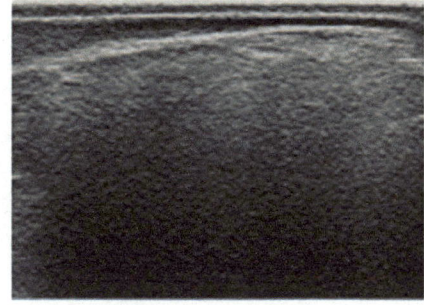

〈그림 7-15〉 육질 1++등급

VIII. 미생물 활용

VIII. 미생물 활용

1. 농업미생물의 주요 종류 및 특성

농업미생물은 농업에 유용하게 사용되는 미생물을 의미하며, 작물의 생육촉진, 면역증강, 병해충방제, 토양 개량, 환경개선을 위해 사용되는 미생물을 말한다. 넓은 의미에서 축산 사료첨가제, 냄새저감 미생물을 포함한다.

가. 세균

1) 바실러스(Bacillus)
   - 내생포자를 형성하는 세균으로 생존율이 높으며 주로 토양에 서식하고 농업에서 생물 비료와 농약으로 가장 많이 사용되는 세균
   - 대부분 유기물 분해와 관련된 부생성세균
   - 종류
     - 바실러스 벨레젠시스(*Bacillus velezensis*) : 옥신(IAA) 등의 호르몬과 휘발성 물질을 생성하고 다양한 항균성 2차 대사산물을 생성하여 작물의 건강과 병방제 등에 활용되는 농업 생산성에 중요한 역할을 하는 세균

     > ※ 바실러스 벨레젠시스는 바실러스 메틸로트로피쿠스(*B. methylotrophicus*), 바실러스 아밀로리퀴파시엔스 플랜타룸(*B. amyloliquefaciens subsp. plantalum*), 바실러스 오리지콜라(*B. oryzicola*)를 포함하는 종임

     - 바실러스 서브틸리스(*B. subtilis*, 고초균) : 메주나 청국장과 같은 발효 식품 제조에 이용되기도 하는 유기물 분해 미생물
     - 바실러스 메가테리움(*B. megaterium*) : 난용성 인산염 가용화
     - 바실러스 튜린기엔시스(BT균) : 살충성 단백질을 생산하는 세균

     > ※ 곤충 병원성 세균에는 바실러스 튜린기엔시스(*B. thuringiensis*) 외에도 바실러스 오리타이(*B. orritai*), 바실러스 포필리아(*B. popilliae*) 등이 있음

2) 락토바실러스(Lactobacillus)
   - 혐기성, 통성혐기성 혹은 미호기성 상태에서 살아가는 유산균
   - 사람과 동물체내, 우유 등 유제품, 메주, 간장, 김치와 같은 발효식품에 서식하며 당을 유산으로 만들어 주는 세균
   - 사람에게 프로바이오틱으로 알려져 있으며, 사일리지의 발효에 사용되고 사료첨가제로 쓰이는 유익한 세균

- 종류: *L. plantalum, L. acidophilus, L. casei, L. brevis* 등

3) 슈도모나스(Pseudomonas)
- 다양한 길항물질을 생성하고 물질대사 능력이 우수하여 생물정화(bioremediation) 기능을 가지고 토양, 물속에 서식하는 형광성 세균으로 작물의 생육 증진 효과를 보임
- 시안화수소(HCN)를 생성하여 다른 미생물이나 나선충의 생육을 억제하기도 함
- 사람, 동물 및 식물 등에 병원성을 가지고 있는 종이 있음
- 종류 : 슈도모나스 플루오레슨스(*P. fluorescens*), 슈도모나스 프로테젠스(*P. protegens*), 슈도모나스 푸티다(*P. putida*), 슈도모나스 클로로라피스(*P. chlororaphis*) 등

4) 광합성 세균
- 광합성 세균은 광합성을 하여 당분을 만드는 세균을 말하며 농업에 주로 활용되는 광합성 세균은 주로 홍색 비황세균(Purple non-sulphur)이며 배양 시 주로 붉은색을 띰
- 산소를 소비하지 않으면서 유기물을 분해하고 암모니아, 황화수소, 퓨트레신, 메틸머캅탄, 아민류 등의 가스물질을 영양원으로 하여 아미노산, 핵산 등으로 전환함으로써 유해 물질 제거 효과가 있음
- 종류: 로도슈도모나스(Rhodopseudomonas), 로도박터(Rhodobacter), 로도스피릴럼(Rhodospirillum)
  ※ 로도(rhodo)란 담홍색 즉 붉다는 뜻임

5) 스트렙토마이세스(Streptomyces)
- 방선균의 대표적인 종으로 토양에 널리 서식하며 흙냄새로 알려진 지오스민(geosmin)을 생성하는 호기성 세균
- 항생제의 60% 이상을 차지하는 다양한 종류의 항생물질을 생성하는 세균
- 대부분은 비병원성이나 아주 소수의 식물병원균이 알려져 있음
  ※ 감자 더뎅이병의 원인균: 스트렙토마이세스 스케비에이(*S. scabiei*)

6) 질화세균
- 암모니아(NH_3) 또는 암모늄염(NH_4^+)의 질소를 산화하여 아질산염(NO_2^-) 또는 질산염(NO_3^-)으로 만들어 주는 세균
- 밭 토양에서 질산태 질소의 생성에 관여하며 축사에서 발생하는 암모니아의 생성을

줄여줌으로써 냄새 저감에 활용됨
- 종류: 니트로소모나스(Nitrosomonas), 니트로박터(Nitrobacter)

7) 질소고정세균
- 공기중의 풍부한 질소를 식물이 흡수할 수 있는 형태로 공급해 주는 세균
- 콩과식물의 뿌리에서 쉽게 볼 수 있는 뿌리혹박테리아가 있음
- 종류 : 라이조비움(Rhizobium), 브래디라이조비움(Bradyrhizobium), 아조토박터(Azotobacter), 프랜키아(Frankia) 등

나. 진균

1) 효모(yeast)
- 효모는 뜸팡이라고도 불리우는 진균이지만 세균처럼 단세포 생물로 대부분 출아에 의해 생식함
- 알코올 음료, 토양, 사람 피부 등에서 분리 가능
- 빵, 사이다, 술, 효모추출액, 치즈 등의 제조에 널리 이용
- 지방·단백질원으로 사용 (예; 건강보조식품 원기소 등)
- 사탕수수 등을 이용하여 대량으로 에탄올을 제조할 때 이용
- 종류 : 사카로마이세스 세레비지에(Saccharomyces cerevisiae), 피키아(Pichia spp.), 칸디다(Candida spp.) 등

2) 아스퍼질러스(Aspergillus)
- 우리가 접하는 대부분의 발효식품 특히, 장류의 발효에 많이 사용되어 산업적으로 가장 활발하게 이용되는 진균으로 막걸리를 만드는데 사용되기도 하며, 다양한 유용 효소를 만들어 효소의 보고로 알려짐(예; 누룩곰팡이)
- 아스퍼질러스의 발효추출물은 소의 건물 소화율을 증가시킴
- 노란색, 녹색, 검정색 등의 다양한 색의 포자 형성
- 일부종은 아플라톡신과 같은 독소를 생성하기도 하며 면역력이 약해진 사람에게 '아스퍼질러스증'이라는 병을 일으키기도 함
- 종류 : 누룩곰팡이(A. oryzae), 검은곰팡이(A. niger), 백국균(A. luchuensis) 등

2. 농업미생물의 선택 및 관리

가. 농업미생물의 선택

1) 미생물의 현장 활용에 가장 중요한 것은 우수한 활성을 가진 균주를 선택하여 사용하는 것임
2) 우수한 균주의 선택은 미생물 배양 기술의 유무와 활용하고자 대상 작물, 필요한 활성 등에 따라 선택해야 함
3) 우수한 균주는 농업에 활용할 수 있는 효능이 밝혀진 자료나 근거가 있는 균주를 말함(예; 특허균주)

※ 미생물 분양 : 국립농업과학원 농업미생물은행(KACC), 생물자원센터(KCTC), 농림축산검역본부 한국수의유전자원은행(KVCC)

4) 농촌진흥청의 특허미생물은 기술이전을 통해 활용 가능함
   - 국유특허 무상기술이전의 신청은 특허청의 홈페이지에서 '특허로'로 들어가 '국유특허사용신청'에서 신청 가능함
   - 출원중인 특허미생물의 경우 한국농업기술진흥원에서 신청 가능함

나. 농업미생물 관리

1) 순도 관리
   - 우수한 균주를 효과적으로 활용하기 위해 순수 배양이 필요하며 다른 미생물에 의한 오염여부를 확인해야 함
     - 오염여부의 확인은 고체배지에 획선을 그은 후 배양함으로써 순도 관리를 위한 1차적인 확인을 할 수 있음
       (예; 획선배양법)

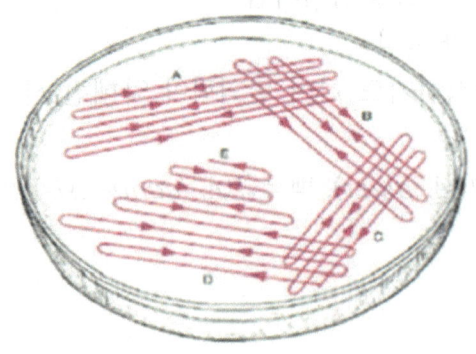 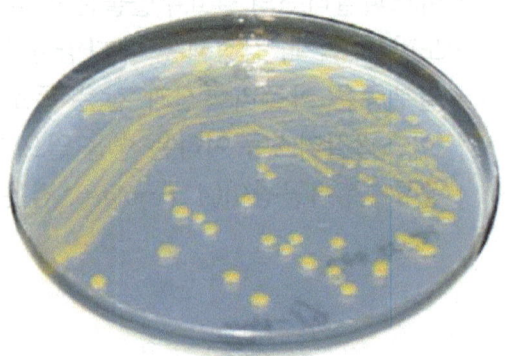

〈그림 8-1〉 획선방법(좌) 및 획선에 의한 순수배양(우)

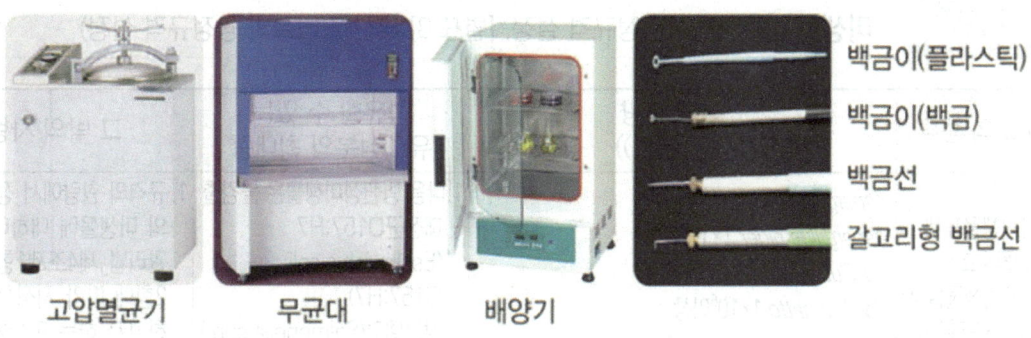

〈그림 8-2〉 미생물을 배양하기 위한 기본 장비 및 도구

2) 보존 관리

- 순도가 확인된 유용균주를 -70℃ 이하의 저온냉동고에 보존해야함
  - 단, 동결보존에 민감한 곰팡이 균주의 경우 물보존법이나 광유보존법을 활용함
- 동결 보존할 때는 보존튜브를 최대한 많이 만들어 보존함
  - 우수한 활성을 가진 균주를 배지에 계대하면서 배양하는 경우 거의 대부분 활성을 상실하기 때문에 많은 튜브를 보존하여 사용할 때마다 1개씩 꺼내 사용함

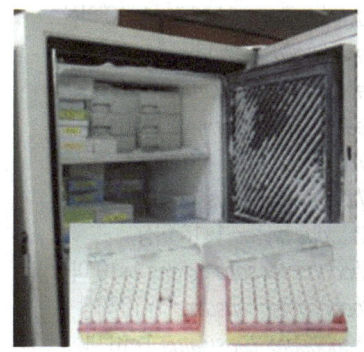

〈그림 8-3〉 저온냉동고 수평형(좌), 수직형 및 튜브(우)

> **참 고** **미생물비료** (비료 공정규격 설정, [별표 3] 부산물 비료의 공정규격 설정)

비료의 종류	규격의 함량 (cfu/g(mL))	함유할 수 있는 유해성분의 최대량	그 밖의 사항
01. 토양미생물제제 (미생물효소) 〈정의〉미생물을 배양하여 제조한 것	Aspergillus oryzae $1×10^5$이상 Aspergillus niger $1×10^5$이상 Bacillus subtilis $1×10^6$이상 Bacillus natto $1×10^6$이상 Bacillus megaterium $1×10^6$이상 Bacillus polymyxa $1×10^6$이상 Bacillus licheniformis $1×10^6$이상 Bacillus brevis $1×10^6$이상 Brevibacillus brevis $1×10^6$이상 Brevibacterium linens $1×10^6$이상 Brevibacterium ammoniagenes $1×10^6$이상 Brevibacterium flavum $1×10^6$이상 Burkholderia cepacia $1×10^6$이상 Candida utilis $1×10^6$이상 Helicosporium nizamabadense $1×10^5$이상 Klebsiella mobilis $1×10^6$이상 Lactobacillus bulgaricus $1×10^6$이상 Lactobacillus acidophilus $1×10^6$이상 Lactobacillus delbrueckii $1×10^6$이상 Lactobacillus plantarum $1×10^6$이상 Paenibacillus polymyxa $1×10^6$이상 Rhizopus delma $1×10^5$이상 Rhizopus japonicus $1×10^5$이상 Rhizopus oryzae $1×10^5$이상 Rhodobacter sphaeroides $1×10^6$이상 Rhodobacter capsulata $1×10^6$이상 Rhodobacter capsulatus $1×10^6$이상 Rhodobacter rubrum $1×10^6$이상 Rhodopseudo-monas sphaeroides $1×10^6$이상 Rhodopseudo-monas viridis $1×10^6$이상 Rhodopseudo-monas capusulata $1×10^6$이상 Pseudomonas fluorescens $1×10^6$이상 Pseudomonas putida $1×10^6$이상 Pseudomonas mildenbergii $1×10^6$이상 Saccharomyces cerevisiae $1×10^6$이상 Saccharomyces sake $1×10^6$이상 Saccharomyces anamensis $1×10^6$이상 Saccharomyces carlsbergensis $1×10^6$이상 Streptococcus lactis $1×10^6$이상	1. 다음 병원성미생물은 불검출 대장균O157:H7 (Escherichia coli O157:H7), 살모넬라(Salmonella spp.) 〈신설 2011. 11. 1.〉 2. 건물중에 대하여 비소 20mg/kg 카드뮴 2mg/kg 수은 1mg/kg 납 50mg/kg 크롬 90mg/kg 구리 120mg/kg 니켈 20mg/kg 아연 300mg/kg 〈신설 2013. 10. 1.〉	1. 규격의 함량에서 정한 이외의 미생물에 대하여는 「비료관리법」제4조제1항 또는 제2항에 따라 지정하되, 지정하고자 하는 미생물을 확인할 수 있는 자료, 비료 효과에 대한 기능과 특성, 인축 및 식물에 대한 병원성 여부, 재배시험을 평가하여 지정여부를 결정하여야 한다. 〈2011. 11. 1., 2013. 2. 14.〉 2. 보관조건, 유통기간, 안전관리상 주의사항을 보증표에 표기하여야 한다. 〈2005. 3. 19.〉 3. 생산(수입)업 등록(신고)시 미생물 1종 이상을 보증하여야 한다.〈신설 2011. 11. 1., 2013. 2. 14.〉

비료의 종류	규격의 함량 (cfu/g(mL))	함유할 수 있는 유해성분의 최대량	그 밖의 사항
	Streptococcus thermophilus 1×10^{6}이상 *Streptococcus cremoris* 1×10^{6}이상 *Streptomyces griseus* 1×10^{6}이상 *Streptomyces niger* 1×10^{6}이상 *Streptomyces griseochromogenes* 1×10^{6}이상 *Streptomyces asoensis* 1×10^{6}이상 *Trichoderma harzianum* 1×10^{5}이상 *Trichoderma hamatum* 1×10^{5}이상 〈신설 2011. 11. 1.〉		
	Acetobacter peroxydans 1x10^{6}이상 *Acinetobacter calcoaceticus* 1x10^{6}이상 *Alcaligenes defragrans* 1x10^{6}이상 *Ampelomyces quisqualis* 1x10^{5}이상 *Arthrobotrys oligospora* 1x10^{6}이상 *Azospirillum brasilense* 1x10^{6}이상 *Bacillus amyloliquefaciens* 1x10^{6}이상 *Bacillus macerans* 1x10^{6}이상 *Bacillus mojavensis* 1x10^{6}이상 *Bacillus pumilus* 1x10^{6}이상 *Bacillus vallismortis* 1x10^{6}이상 *Bacillus velezensis* 1x10^{6}이상 *Brevibacillus formosus* 1x10^{6}이상 *Brevibacterium otitidis* 1x10^{6}이상 *Burkholderia pyrrocinia* 1x10^{6}이상 *Candida kefir* 1x10^{6}이상 *Candida valida* 1x10^{6}이상 *Cellulomonas fimi* 1x10^{6}이상 *Cellulomonas turbata* 1x10^{6}이상 *Frateuria aurentia* 1x10^{6}이상 *Lactobacillus casei* 1x10^{6}이상 *Lactobacillus casei subsp rhamnosus* 1x10^{6}이상 *Lactobacillus confusa* 1x10^{6}이상 *Lactobacillus fermentum* 1x10^{6}이상 *Lactobacillus paracasei* 1x10^{6}이상 *Lactobacillus rhamnosus* 1x10^{6}이상 *Lactococcus lactis* 1x10^{6}이상 *Lysinibacillus boronitolerans* 1x10^{6}이상 *Lysinibacillus fusiformis* 1x10^{6}이상 *Lysobacter antibioticus* 1x10^{6}이상		

비료의 종류	규격의 함량 (cfu/g(mL))	함유할 수 있는 유해성분의 최대량	그 밖의 사항
	Microbacterium aurum 1×10^7이상 *Nocardiopsis dassonvillei* 1×10^6이상 *Paecilomyces fumosoroseus* 1×10^5이상 *Paecilomyces japonica* 1×10^5이상 *Paecilomyces lilacinus* 1×10^5이상 *Paenibacillus amylolyticus* 1×10^6이상 *Paenibacillus azoreducens* 1×10^6이상 *Paenibacillus chibensis* 1×10^6이상 *Paenibacillus lentimorbus* 1×10^6이상 *Paenibacillus macerans* 1×10^6이상 *Pediococcus cerevisiae* 1×10^6이상 *Pediococcus halophilus* 1×10^6이상 Photorhabdus iuminescens 1×10^6이상 *Photorhabdus luminescens* 1×10^6이상 *Pichia anomala* 1×10^6이상 *Pichia deserticola* 1×10^6이상 *Pichia stipitis* 1×10^6이상 *Pseudomonas jessenii* 1×10^6이상 *Pseudomonas maltophilia* 1×10^6이상 *Pseudomonas nitroreducens* 1×10^6이상 *Pseudomonas panipatensis* 1×10^6이상 *Rhodobacter azotoformans* 1×10^6이상 삭제〈2013. 10. 1.〉 *Rhodopseudomonas palustris* 1×10^6이상 *Stephanoascus ciferrii* 1×10^6이상 *Streptomyces carpinensis* 1×10^6이상 *Streptomyces fradiae* 1×10^6이상 *Streptomyces halstedii* 1×10^6이상 *Streptomyces violaceusniger* 1×10^6이상 *Tetrathiobacter kashmirensis* 1×10^6이상 〈신설 2013. 2. 14.〉 *Bacillus mesonae* 1×10^6이상 *Variovorax boronicumulans* 1×10^6이상 〈신설 2020. 11. 25.〉		

3. 가축용 생균제

가. 개요

- 지속가능한 축산을 위해 친환경 축산기술의 필요성이 높아지고 있으며, 친환경 축산을 위한 미생물의 활용도 높아짐
- 축산분야 미생물 활용목적은 질병예방, 사료효율 개선, 생산성 향상과 더불어 환경개선(냄새저감 등) 등으로 다양하며 이러한 목적을 위해 여러 가지 미생물이 활용되고 있음

1) 생균제란?
  - 항생제, 항균물질의 대안으로 가축의 성장촉진 또는 증상개선목적으로 사용되는 미생물제를 의미함
  - 식품발효에 이용되어 왔으며 장내 이상발효, 설사, 소화불량 등을 예방 및 개선하는 수단으로 사용됨
  - 가축의 발육 촉진, 설사 예방, 생산성 향상, 냄새 저감 등에 사용됨

3) 생균제 관련 연구 동향
  - 항생제 사용이 금지되어 항생제 대체제로 개발됨
    - 가장 대표적인 항생제 대체제제 : 유산균 생균제(probiotics)
    - 생균제의 역할은 작용기전 측면에서 명확히 밝혀지지는 않았지만, 가축에게 급여할 때 가축의 생산성을 향상시키는 것으로 알려짐
    - 생균제에 관한 연구 결과는 매년 증가하는 추세로 사람뿐만 아니라 가축의 건강을 증진시키는 첨가제로서의 역할을 수행하고 있으며, 더 나아가 질병 예방 및 치료 효과를 나타내는 기능성 약물로서의 연구가 진행 중임

4) 생균제가 필요할 때
  - 가축 소화기관이 제 기능 발휘를 위해서는 장내 세균상의 균형이 매우 중요하며 가축의 성장이나 사료효율에 있어서 중요함
  - 가축이 스트레스를 받게 되면 소화기관 내에 미생물상이 변하여 유익균보다 유해균이 더 많아지므로 장내 균총이 조기에 회복될 수 있도록 관련 생균제의 급여가 필요함

5) 가축의 소화기관 내 세균에 영향을 미치는 요인
  - 급여사료의 변화

- 야생 상태에서 이유는 서서히 일어나지만, 그에 비해 농장에서는 조기 이유가 진행되는데, 액체 상태인 모유에서 식물성 단백질이 주성분인 고형사료로 갑자기 바뀌게 되고, 어미와의 분리에 의한 스트레스가 더해져 소화흡수 기능의 장애가 발생됨
- 장내의 정상 세균의 균총은 소화되지 않은 영양분을 이용해 이상 증식하게 되어 설사를 일으키는 요인이 됨

• 부적절한 사육환경 및 스트레스 인자
  - 장소, 온도, 습도, 기타 스트레스를 유발하는 요인들은 호르몬 균형을 변화시키고 장관 점막층을 자극하여 장관벽과 관련된 세균군집에 영향을 줌

6) 사료첨가제로서 생균제가 갖추어야 할 일반적인 조건
  • 급여·숙주동물에 병원성이 없어야 함
  • 유기산, 항균물질 등에 의한 유해세균의 증식이 없어야 함
  • 사료제조 보관 및 소화관 내에서 안정성이 유지되어야 함
  • 적정량의 살아있는 생균이 함유되어 있어야 함
  • 섭취 후 장내에서 빠른 증식이 가능하며 유익한 효과(성장촉진, 질병예방 등)가 있어야 함
  • 투여 효과가 항상 고르게 나타나야 함
  • 장관에 유용균의 발육 증식 및 정상균총을 유지해야 함
  • 항생제나 화학요법제와 같이 사용하여도 길항작용이 없어야 함

7) 생균제의 선택시 주의사항
  • 균주의 분리: 유용식품, 건강한 사람 및 가축의 장이나 분변에서 분리하여 사용
  • 안전성: 비병원성이어야 함
  • 생존성: 제조 후 혹은 장내에서의 생존성, 내산성 및 내담즙성 장내상피세포에서의 정착성이 좋아야 함
  • 생산: 쉽게 대량 배양이 가능해야 함
  • 풍미: 사료에 첨가 시 기호성이 떨어지지 않을것
  • 병원성 미생물의 억제: 유기산, Bacteriocin 등의 생산으로 병원성미생물의 억제 능력이 있는 것
  • 소화효소: 여러 가지 소화효소 분비 능력이 있는 것
  • 면역증강효과: 가축의 면역계를 증강시키는 효과가 있는 것

※ 생균제를 이용하는 목적은
- 장내 유익 미생물의 유지와 병원성 미생물의 억제를 통한 질병발생 억제
- 사료 섭취량 증가와 사료 영양소의 이용효율 개선
- 독소 물질 분해 및 생성 억제
- 면역력 증가로 건강상태 개선
- 축사 환경개선 등에 의한 생산성 증가

나. 종류 및 특성

1) 유산균의 종류 및 특징
- 유산균은 장내에 정착한 유익한 균이며 유산을 생성하고 가축의 장을 튼튼하게 하며 소화기 관련 질병을 예방하는 효과가 있음
- 락토바실러스속 미생물은 유산간균 이라고 하고 유산발효 유제품 및 생균제로 사용되는 대표적인 세균, 유해세균 억제능력이 우수함
- 비피도박테리아속 미생물은 무정형의 유산균으로 유산발효 유산과 초산을 생성하며 장내에서 유익한 작용을 함
- 종류
  - 락토바실러스 속 : 락토바실러스 플랜타럼, 락토바실러스 카세이 등
  - 비피도박테리아 속 : 비피도박테리움 롱검, 비피도박테리움 비피덤 등
  - 엔테로코커스 속 : 엔테로코커스 락티스, 엔테로코커스 써모필러스 등
  - 페디오코커스 속 : 페디오코커스 세레비지아, 페디오코커스 애시디락티시 등

2) 바실러스의 종류 및 특징
- 자연계에 널리 존재하고 장에 정착하지 않는 통과균이며 호기성 아포자균으로 배양이 쉽고 열에 강하고, 보존성이 우수
- 전분 및 단백질 분해효소 생산이 우수하여 소화를 증진함
- 유기물 분해능력이 우수함
- 박테리오신을 포함한 항균물질을 생성
- 종류 : 바실러스 렌투스, 바실러스 리체니포미스, 바실러스 서브틸리스, 바실러스 코아글란스, 바실러스 폴리프멘티쿠스, 바실러스 푸밀루스

3) 낙산균의 종류와 특징
- 편성 혐기성의 장내 유익균으로 유산균과 공생력이 강함
- 초산과 낙산을 생산하고 유해균 성장을 저해
- 종류 : 클로스트리듐 부티리컴

- 클로스트리듐속의 세균은 대부분 독성이 강하고 가축에 큰 피해를 주는 균이나 클로스트리듐 부티리컴만은 안전함

4) 광합성균의 종류와 특징
- 특징 : 에너지원으로 빛을 이용하여 광합성을 함
- 사료 내 고분자화합물 등을 분해하여 무기영양 성분의 흡수를 도움
- 분변내 냄새 유발물질(암모니아, 아민, 황화합물)등의 제거능력 우수
- 종류 : 로도슈도모나스 캡슐레이타

5) 효모의 종류와 특징
- 효모는 빵, 알코올 생산, 조미료 등 다양한 목적으로 이용
- 효모가 생산한 알코올은 사료의 풍미를 개선하고 기호성을 증진
- 종류 : 맥주효모, 토룰라효모, 제빵효모, 양조효모, 효모배양물

6) 곰팡이의 종류와 특징
- 누룩곰팡이는 황국균, 흑국균으로 알려진 코오지곰팡이의 대표적 균주로 청주, 막걸리, 된장, 막걸리 등에 이용
- 녹말당화, 단백질분해 및 지방분해 관련 소화효소 생산으로 사료이용률 증가
- 구연산, 초산, 젖산 등 유기산 생산
- 종류 : 아스퍼질러스 오리제, 아스퍼질러스 니이저

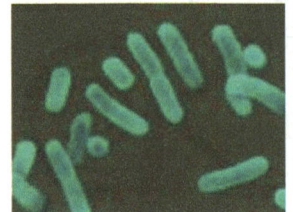 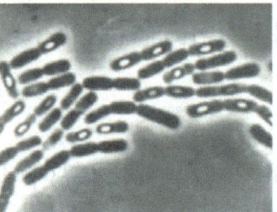  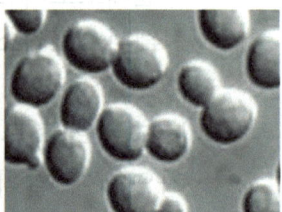

유산균　　　　　　바실러스　　　　　　곰팡이　　　　　　효모

〈그림 8-4〉 미생물 종류별 형태

〈표 8-1〉 농가형 생균제 주요 세균 및 진균

생균제 균주	특 성
젖산균 (*Lactobacillus casei*)	장내 부패균 등의 이상 발효를 억제하고 장내 보건 및 정장작용
고초균(*Bacillus subtilis*)	단백질 및 전분 분해 효소 생산으로 사료 이용성 증진
황국균(*Aspergillus oryzae*)	숙성을 위한 효소 생산으로 사료 이용성 증진
효모균(*Saccharomyces servisiae*)	기호성 및 병저항성 증진과 장내 유익균의 활성화

VIII. 미생물 활용

> **참고** **보조사료 미생물제** (사료 등의 기준 및 규격, [별표2] 보조사료의 범위)

사료종류		명 칭
7. 미생물제	가. 유익균	락토바실러스 락티스, 락토바실러스 람노서스, 락토바실러스 루테리, 락토바실러스 불가리쿠스, 락토바실러스 브레비스, 락토바실러스 사케이, 락토바실러스 살리바리우스, 락토바실러스 애시도필러스, 락토바실러스 카제이, 락토바실러스 커바투스, 락토바실러스 크리스파투스, 락토바실러스 파라카제이, 락토바실러스 퍼멘텀, 락토바실러스 페롤렌스, 락토바실러스 플란타럼, 락토바실러스 헬베티쿠스, 로돕슈도모나스 캡슐레이타, 바실러스 렌투스, 바실러스 리체니포미스, 바실러스 서브틸리스, 바실러스 세레우스[도요이에 한함], 바실러스 코아글란스, 바실러스 폴리퍼멘티쿠스, 바실러스 푸밀러스, 비피도박테리움 롱검, 비피도박테리움 비피덤, 비피도박테리움 서모필럼, 비피도박테리움 슈도롱검, 비피도박테리움 인판티스, 엔테로코커스 락티스, 엔테로코커스 써모필러스, 엔테로코커스 훼시엄, 웨이셀라 시바리아, 클로스트리디움 부티리컴, 페디오코커스 세레비시에, 페디오코커스 애시디락티시, 페디오코커스 펜토사세우스, 유익균 배양물
	나. 유익곰팡이	모나스커스 퍼퓨리어스, 아스퍼질러스 나이거, 아스퍼질러스 오리제
	다. 유익효모	맥주효모[사카로마이세스 세르비시에에 한 함], 양조효모[사카로마이세스 세르비시에에 한 함], 잔토필로마이세스 덴드로하우스, 제빵효모[사카로마이세스 세르비시에에 한 함], 조사건조효모, 토룰라효모, 피키아 파리노사, 효모배양물[유익효모의 배양물에 한 함]
	라. 박테리오파지	대장균 박테리오파지, 살모넬라 갈리나룸 박테리오파지, 살모넬라 엔테라이티디스 박테리오파지, 살모넬라 티피뮤리움 박테리오파지, 클로스트리디움 퍼프린젠스 박테리오파지
	마. 합제	유익균 합제, 유익곰팡이 합제, 유익효모 합제, 박테리오파지 합제, 미생물제 합제[유익균부터 박테리오파지의 합제를 말함]

* [ ] 안의 내용은 해당 물질에 대한 규격 및 기준 등을 의미함

4. 미생물 실험법

가. 배지조제

- 배양에 사용되는 배지는 미생물의 종류·실험목적에 따라 다르며 미생물의 생육에 필요한 영양원인 탄소원·질소원·무기염 및 기타 생장조절 물질 등을 기본적으로 함유하고 있어야 함

1) 배지의 종류
   - 배지의 성분에 따른 분류
     - 천연배지 : 영양분이 복잡한 조성의 천연물이 주성분인 배지
     - 합성배지 : 화학조성이 명확한 시약으로만 조성된 배지
     - 반합성배지 : 주성분이 화학물질이나 일부 천연물질이 첨가된 배지
   - 성상에 따른 분류
     - 액체배지 : 한천과 같은 응결제가 들어있지 않은 용액상태의 배지
     - 고체배지 : 액체배지에 한천을 0.5~2.5%로 굳힌 배지
     - 반고체배지 : 한천의 농도를 0.5% 이하로 하여 굳힌 것으로, 응고된 후에도 파손되기 쉬우므로 취급에 주의를 요함
     - 건조필름배지 : 미생물 영양성분을 종이필름에 입혀 만든 배지
   - 사용 목적에 따른 분류
     - 보존배지·발효배지·선택배지·분리배지 등이 사용 목적에 따라 이용
       ☞ 선택배지에는 형광성 Pseudomonas속, 병원성 Fusarium속, 대장균 등 특이적인 균을 선별적으로 분리할 수 있는 배지가 시판되고 있음

 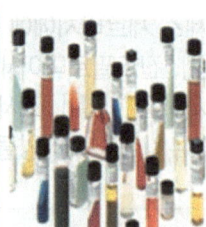  

〈그림 8-5〉 시판되는 다양한 배지들

2) 배지의 재료
   - 물 : 일반적으로 증류수를 사용하나 미량원소가 적은 합성배지에서는 미생물의 생육이 나빠지는 경우가 있어 미량원소를 추가하여 배지를 만듦
   - 시약 : 실험목적에 맞는 일급품을 사용
     - 특급시약 : 미량의 불순물에도 영향을 받는 경우나 영양요구성 시험과 같은 경우에 사용

예) 불순물이 들어있는 $CaCO_3$가 함유된 배지를 고압멸균하면 pH가 변하는 경우가 있음
- 천연물질
  - 육즙(meat extract) : 육류를 뜨거운 물로 추출한 것으로 아미노산, 펩톤, 탄수화물, 무기물 함유
  - 펩톤(peptone) : 동식물성 단백질의 효소 분해물로서 아미노산과 펩티드 함유
  - 효모즙(yeast extract) : 효모를 뜨거운 물로 추출한 것으로 아미노산과 비타민 함유
  - 카사미노산(Casamino acid) : Casein의 산 가수분해물로서 tryphtophan, cystein 등의 아미노산과 염화나트륨 함유
  - 맥아즙(malt extract) : 맥아를 당화시킨 후 뜨거운 물로 추출한 것으로 탄수화물 함유
  - 당밀(molasses) : 설탕 정제 후 남은 찌꺼기로 sucrose, glucose, fructose 이외에 무기물과 비타민 함유
- 한천(agar) : 응결제로 사용하는 한천에는 불순물이 함유되어 있는 경우가 많으므로 시험 목적에 따라 순도를 확인 후 사용

3) 필요한 기구
- 유리 플라스크 및 시험관: 고압과 급냉 등에 강한 경질유리 제품
- 페트리접시(Petri dish) : 경질유리 제품 또는 가스(EO, ethylene oxide) 멸균된 플라스틱 제품
- 고압멸균기autoclave) : 고온고압 증기를 이용하여 멸균함
- 저울·스푼·유산지 등

4) 배지조제 방법
- 배지는 ①성분결정 ②조합 ③pH조절 ④멸균 ⑤분주 순으로 조제한다. 고압 멸균에 의해 성분이나 pH가 변화되는 경우에는 멸균 후 pH를 조절. 미생물의 대사는 환경에 크게 지배되므로 약간의 배지조성의 차이에 의해서도 큰 영향을 받는 경우가 있음을 유의할 필요가 있음

가) 배지조제용 시약 취급 시 주의사항
- 미생물 배양에 필요한 배지는 배양하고자 하는 미생물의 종류에 따라 적합한 것을 선택하여 사용
  - 미생물의 종류에 따라 배지의 조제법이 달라질 수 있음
- 배양배지의 준비
  - 일반적으로 배지를 만들 때는 다음 사항을 지켜야 함

- 배지를 담을 유리용기는 가능하면 깨끗한 것으로 경질유리 제품(예; pyrex)을 사용
- 특별히 언급한 경우가 아니면 증류수를 사용
- 물에 녹인 배지는 특별히 불용성물질이 함유된 경우를 제외하고는 투명해야 함. 배지가 투명해야만 배양 후 미생물의 생장여부를 쉽게 관찰할 수 있음

- 배지조제 : 예정한 액량의 2/3정도의 증류수에 배지 조성분을 차례로 가하여 녹인 후 pH를 조절하며 열을 가하거나 교반기를 사용하면 용해 시간을 단축할 수 있음

- 배지용해 : 배지 성분을 녹일때는 될 수 있는한 침전물이 생기는 것을 피해야 함
  - 한 성분을 완전히 녹인 후 다음 성분을 첨가하여 녹임
  - 인산 · 마그네슘 · 칼슘 이온 등은 침전물을 만들기 쉬우므로 별도로 용해하여 가하기도 함
  - 고압 멸균하기 전에는 침전이 생기지 않아도 멸균 후에는 침전이 생기는 배지가 있는데 이때는 배지에 구연산 등의 킬레이트제를 첨가하거나, 침전을 유발하는 성분을 별도로 멸균한 후 혼합
  - 사용빈도가 많고 첨가량이 적은 성분은 50~1,000배 정도의 고농도 보존용액을 만들어 두고 사용하며, 용액상태에서 분해가 되기 쉬운 물질은 냉암소에 보관

- pH 조절
  - 보통 1N의 NaOH 또는 1N HCl 용액을 떨어뜨리면서 pH 측정기나 지시종이를 이용하여 pH 변화를 관찰하면서 조절
  - pH 조절은 배지량이 최소한 절반 이상일 때 측정해야 함
    ☞ 완충능이 약한 합성 배지에서는 최종 배지량이 될 때 pH가 변하는 경우가 있기 때문임
    ☞ 당 · $CaCO_3$ · 요소 · 유기산을 포함한 배지에서는 고압 멸균후에 pH가 변화 될수도 있기 때문에 멸균 후에 pH를 재조정하여야 하는 경우도 있으며 이때는 살균된 0.1~0.01N NaOH 혹은 HCl 용액으로 조절

- 별도의 처리가 이루어져야 하는 물질
  - 침전물을 만들기 쉬운 물질 : Ca^{2+}, Mg^{2+}, Fe^{2+}, Mn^{2+}, PO_4^{3-}, SO_4^{2-}
  - 가열에 의해 색이 나타나는 물질 : 당류
  - 가열에 의해 분해되기 쉬운 물질 : 비타민 일부, 요소, 항생물질, 강산성하의 한천(agar)
  - pH를 변하게 하는 물질 : 당, 요소, 탄산칼슘, 유기산
  - 비등점이 낮은 물질 : 알코올, 메탄올

- 한천을 분해하는 미생물 혹은 유기산이 존재하면 생육하지 않는 미생물에는 실리카겔(5~6%), gelrite, pluronic polyole 등 사용

나) 고압멸균시 유의사항

- 배지는 일반적으로 고압증기멸균기(autoclave)를 사용하여 121℃(101.3 kPa 또는 15 PSI) 에서 15분 정도 멸균하나 멸균시간은 용기의 종류나 크기에 따라 다름
- 멸균 시간은 정확히 측정하여 결정하도록 함
  - 너무 가열되면 대부분의 배지성분이 손상되기 쉬움
  - 배지 멸균 시 솜마개는 종이나 알루미늄박으로 싸서 너무 젖지 않도록 하고, 나선형 뚜껑 등은 약간 느슨하게 닫아서 가열에 의해 깨지지 않도록 하고, 멸균 후 꺼내어 꼭 막도록 함
  - 열에 약한 배지(또는 배지성분)는 여과하거나 변형된 열처리법으로 멸균하되 초기에 배지를 만들 때 오염되지 않도록 무균조작에 신경쓰도록 함
- 한천은 96℃에서 녹으며 종류와 농도에 따라 43℃ 전후에서 굳음
  - 한천은 pH 5.5 이하에서 고압멸균하면 가수분해되어 굳지 않으므로 pH가 낮은 배지를 만들어야 하는 경우에는 한천을 따로 녹인 후 pH를 조절하여 멸균된 배지 용액에 가하고 혼합(pH 3 정도의 한천 배지제조 가능)
  - 중성의 pH도 고압멸균을 여러번 하면 잘 굳지 않음
- 한천배지를 급속히 냉각하면 응결수가 많아지므로 배지가 60~70℃로 식은 후 용기 바닥에 가라앉은 한천을 교반기나 손으로 잘 섞은 후 무균상에서 분주
- 살균 후 급격히 감압시키면 배지가 담겨있는 플라스크의 마개가 열리는 경우가 발생 할 수 있음
- 고압멸균기의 온도가 100℃ 아래로 내려갔다 하여도 배지의 온도는 100℃ 이상 일수도 있기 때문에 멸균기 뚜껑을 열었을 때 배지가 갑자기 끓어 넘쳐 화상을 입을 수 있으므로 각별한 주의 필요

나. 고압멸균

- 용도 : 배지·생리식염수·기구 등을 살균하는데 사용
- 방법 : 고압멸균기에서 121℃ 정도로 멸균하는 것으로 멸균 후 온도 및 기압이 충분히 낮아졌을 때 배지를 꺼냄

〈그림 8-6〉 고압멸균기

다. 미생물의 배양

1) 접종에 필요한 기구

- 백금이 : 백금선의 끝에 직경이 2~3mm의 둥근원을 만들어 주로 액체 사면 평판배지 등에 균주를 이식하거나 도말할 때 이용
- 백금선 : 주로 균총이 작은 세균의 이식이나 고층배지의 천자배양에 사용
- 백금구 : 곰팡이류의 포자 접종용으로 사용
- 도말봉 : 유리막대를 구부려 만들며 주로 희석 평판에 사용

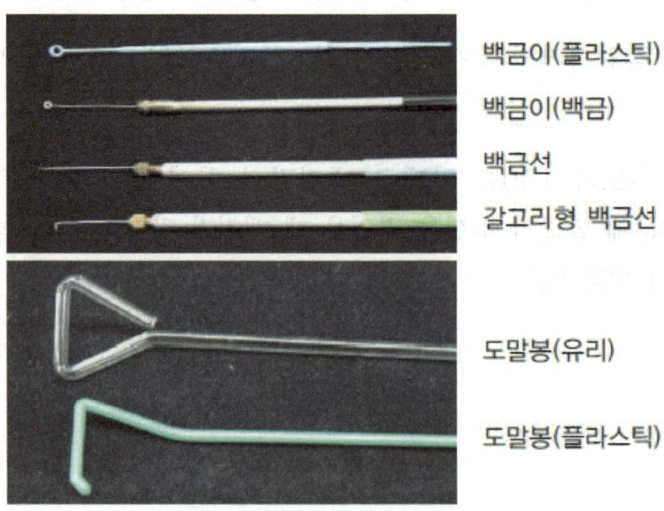

〈그림 8-7〉 미생물의 이식 및 순수분리 도구

2) 배양장치
- 항온기: 온도조절이 가능하며 미생물 배양에 사용
- 진탕배양기: 좌우 혹은 회전운동을 하는 배양 장치
- 발효조: 온도 및 산도 등을 자동으로 조정하는 배양 장치
- 혐기배양기: 혐기성균 배양에 사용

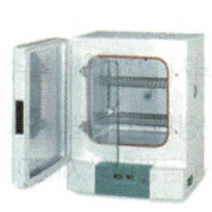   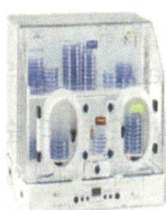

항온기　　　진탕배양기　　　발효조　　　혐기배양기

〈그림 8-8〉 미생물 배양 장치

3) 배양방법
- 고체배양
  - 세균·효모의 경우는 백금이 또는 백금선으로 배지표면에 획선을 그어 배양함(획선접종법, streaking)

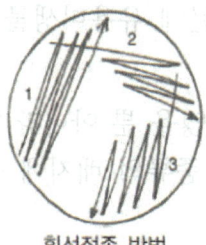 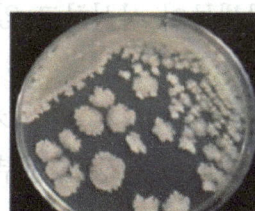

획선접종 방법　　　　배양 후 콜로니 모습

〈그림 8-9〉 획선배양 예

  - 사상균은 백금갈고리를 사용하여 포자 또는 균사 일부를 취하여 표면 위에 부착하여 배양함
  - 평판접시는 뒤집어 놓은 상태로 배양
- 액체배양
  - 정치배양(static culture) : 효모, 혐기성세균, 통성혐기성균의 배양 및 각종의 생리적 시험 등에 사용되어지며, 사상균의 경우 액체배지를 이용한 표면 배양법도 사용됨
  - 진탕배양(shaking culture) : 호기성균, 통성혐기성균 배양에 많이 사용되는 배양법
  - 발효조배양(fermenter culture) : 공기 유입량·pH 등을 자동으로 조절해주는 배양 장치를 이용한 배양법으로 유용미생물의 대량증식 혹은 발효산물 생산 등에 이용함

> ⟨순수 배양의 기본 원칙⟩
>
> - 미생물 배양용 시험관이나 플라스크 또는 평판 배양접시는 사용 전 무균상태이어야 하며, 목적한 미생물 이외의 어느 생명체도 용기 내부에 혼입이 되지 않도록 주의가 필요함
> - 배양용기에 접종되는 미생물체를 접종균이라 하며, 접종은 멸균된 백금이나 피펫 등으로 함
> - 집락(colony)은 고체배지 위에 한 종류의 미생물만으로 형성된, 육안으로 관찰이 가능한 크기의 미생물 군체를 말함
> - 무균대(Clean bench) : 무균상태를 유지하여 타 미생물로부터 오염되지 않게 작업할 수 있는 장치
>
> ■ 미생물 배양액으로부터 순수미생물을 분리하기 위해서는 반드시 무균상태인 무균대 안에서 해야 함
> ■ 실내공기는 1차 필터에서 큰 먼지가 걸러지고, 2차 필터를 통과하면서 곰팡이와 세균이 걸러지기 때문에 이 공기가 흐르는 앞에서는 무균작업을 할 수 있음
> ■ 클린벤치에는 자외선등, 형광등, 송풍기, 전기 콘센트 등이 설치되어 있는데, 클린벤치 앞의 오른쪽에는 조절판이 있어, 자외선등, 형광등, 송풍기 등의 조절스위치 작동 가능

라. 미생물 평판계수법

- 미생물 분석 대상이 되는 시료는 모든 우주에 존재하는 모든 물질이 될 수 있지만, 지구환경 특히 농업과 관련해서는 토양, 물, 유기물 등이 주 대상이 됨
- 특히 토양에는 많은 종류의 미생물이 서식하고 있기 때문에 유용미생물 선발을 위한 좋은 시료라 할 수 있음
- 토양에 서식하는 미생물은 다양성이 매우 높고 개체수도 많을 뿐 아니라 영양요구성도 다양하기 때문에 토양 중에 존재하는 미생물 전부를 한 종류의 배지에 생육시킨다는 것은 불가능함
- 일정한 배지에 토양 세균중의 일부를 배양하여 콜로니를 형성시킬 수가 있음
- 계수
  - 현미경을 이용하는 경우에는 다량의 시료를 취급하는데 한계가 있고 간혹 죽은 세균까지도 계수된다는 단점이 있음
  - 토양에 서식하는 모든 균을 계수할 수는 없지만 희석평판법과 희석빈도법이 널리 이용 되고 있음
- 희석평판법이란 토양중의 생균수를 측정하는데 널리 사용되는 방법으로 토양을 멸균수로 단계적으로 희석하여 평판배지 위에 도말하는 방법임
  - 배양 후 배지 표면에 나타난 집락수를 계수하는 것임

1) 시료채취 및 전처리
- 시료토양 등 채취는 토양 화학분석용 시료채취 방법과 같으나 미생물 분석시료는 건조하지 않은 생토를 그대로 사용함
  - 가급적 생토를 그대로 사용하는 것이 바람직하나 대부분의 토양은 뿌리, 자갈, 굵은 모래 등이 섞여 있어 2㎜ 체로 거른 후 사용
- 즉시 사용하지 않는 토양 시료는 비닐주머니에 넣어 4℃의 냉장실에 보관

2) 시료 희석
- 시료 생토 등 30g을 270㎖의 멸균수에 가하고 약10분간 진탕(1차 희석액)
- 잘 흔들어진 1차 희석액을 멸균된 피펫팁으로 10㎖ 취하여 90㎖의 멸균수가 들어 있는 희석병에 가함(2차 희석액)
- 같은 조작을 계속하여 미생물 계수에 적합한 배율까지 희석

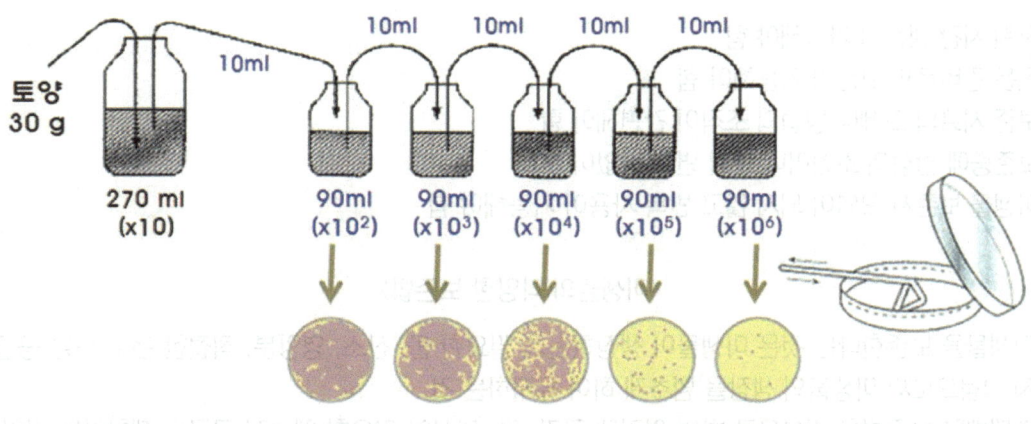

〈그림 8-10〉 토양시료 희석 평판 과정

3) 배양 및 계수
- 배양 : 미생물 특성에 적합한 방법을 선택함
  - 세균, 진균, 방선균 배양법을 참조
- 계수 : 계수는 각 단계의 희석액 중 콜로니수가 20~200개 정도가 나타난 배양접시를 선택하여 계수한 후 평균값을 산출함
  - 반복수는 기본적으로 5개로 하며 이들 중 콜로니수가 적은 것은 오차에 의한 것이라 할 수 있으므로 제외함

<계산방법>

- 생토 1g당 콜로니 형성수(cfu/g 생토) = 콜로니 평균수 ×희석배율×1000ul/도말액ul)
- 건토 1g당 콜로니 형성수(cfu/g 건토) = 생토 1g당 콜로니 형성수×생토중 ÷건토중

[예시] 생토 30g(건토 20g)을 6차 희석, 100ul를 도말하여 평균 40개의 콜로수를 얻었다면
- 생토 1g당 콜로니 형성수 = $40 \times 10^6 \times 10 = 4 \times 10^8$
- 건토 1g당 콜로니 형성수 = $40 \times 10^6 \times 10 \times 30/20 = 6 \times 10^8$

마. 미생물의 보존

<보존의 원칙>

- 오랜 시간 생존이 가능해야 함
- 적은 경비로써 보존이 가능해야 함
- 보존 시료의 조제나 방법의 조작이 간편해야 함
- 보존중에 활성의 소실이나 형질 변화가 없어야 함
- 미생물 보존시 오염이 되지 않고 반복 사용이 가능해야 함

<미생물의 다양한 보존법>

- 미생물을 보존한다는 것은 미생물이 생장하는데 필요한 물, 산소, 영양분, 적절한 온도 등을 공급하지 않음으로써 미생물의 생장을 멈추게 하여 유지하는 것
- 계대배양 보존법을 기본으로 하며 여기에 공기, 물, 대사에 필요한 에너지 공급을 제한하는 것이 각각 중층법, 건조법, 동결법임

1) 계대배양보존법

- 미생물을 적당한 배지에 배양한 후에 저온 또는 실온에서 보관하고 일정기간이 지난 후에 신선한 배지로 이식하여 배양하고 다시 보관하는 보존법
- 보존에 특별한 장치나 기구를 필요로 하지 않기 때문에 쉽게 이용할 수 있고 비용이 저렴하고, 재생도 쉬움.
  - 연속된 배양으로 균주의 활성이 변하기 쉬움.
  - 잦은 배양으로 오염 가능성이 높고, 많은 노동력 필요
- 보존 기간은 미생물의 종류에 따라 다양하나 일반적으로 1~12개월

2) 물보존법
- 한천평판배지에 자란 곰팡이를 코르크보러 또는 칼날을 이용하여 한천과 함께 절편을 만들어 멸균수에 넣은 후에 나사식 뚜껑으로 밀봉하여 보존하는 방법
- 난균류(Oomycota) 및 담자균류(Basidiomycota)의 보존에 사용됨
- 방법이 간단하며 보존기간이 비교적 긴편임(0.5~5년)

3) 광유보존법
- 사면배지에서 충분히 자란 미생물 위에 광유(mineral oil)를 채워서 배지의 건조를 막고 산소공급을 중단시켜 계대배양의 간격을 길게 한 보존법
- 특별한 장치와 기구가 필요하지 않으며 응애의 오염을 막을 수 있어서 일반 실험실에서 곰팡이의 단기보존에 적합
- 균주에 따라 보존후에 유전적 변이가 있다는 보고가 있음
- 미생물에 따라 장기간 보존이 가능(1~32년)

4) 냉동고보존법
- 미생물을 배양액 또는 한천절편과 함께 보호제(cryoprotectant)가 든 용기에 넣어 초저온냉동고(deep freezer, -70 ~ -80℃)에 저장하는방법
- 세균의 경우에는 장기보존도 가능하나 진균의 경우에는 이 온도에서 세포내 대사가 완전히 정지하지 않기 때문에 장기보존에는 적절하지 않는 것으로 알려져 있음.
- 미생물의 중기 보존에 주로 사용됨

5) 보존법 선택시 고려 사항
- 미생물의 종류, 사용목적, 사용기관에 따라 서로 다른 보존법을 선택할 수 있음(분양기관의 권장사용법 활용).
- 세균 : 동결보존법, 곰팡이: 물보존병, 광유보존병, 동결보존법
  - 광유보존법은 비용이 저렴하고, 노동력이 적게 들며, 응애를 방지할 수 있고, 균주에 따라 비교적 장기간 보존이 가능하므로 일반실험실에서 곰팡이의 중단기 보존에 많이 활용됨.
  - 물보존법은 광유보존법에 비하여 다루기 쉽고, 유전적으로 안정하나 보존기간이 광유보존법 보다 일반적으로 짧음.
  - 초저온냉동고보존법은 최근의 초저온냉동고(-70~-80℃)가 보편화되면서 미생물의 보존에 많이 활용되고 있음. 정전으로 인한 일시적 사멸에 특별히 주의해야 함

<표 8-2> 미생물 보존법의 비교(Smith and Onions, 1994)

보존법	재료비	노동력	유전적 안정성
계대배양보존법 (실온 20~25℃)	소	다	변이가 많음
(냉장 4℃)	중	다	변이가 많음
광유보존법	소	소/중	중
물보존법	소	소/중	중
냉동고보존법 (-70~-80℃)	중	소/중	중

5. 미생물의 대량배양

《대량배양(본배양) 시 착안점》

■ 배양 시 최고의 결과를 얻기 위해 다양한 조건을 고려
■ 생산물의 안전성, 분리, 정제 등을 고려하여 최적조건 확립

구분	주요사항
배지	▶ 영양원의 종류와 농도 - 탄소원(C-Source), 질소원(N-Source), 무기염류, 필수영양소 등 ▶ 물리적인 성상 : 고체, 액체, 점도 등 ▶ 기타 첨가물 : 전구물질, 소포제 등
온도	▶ 해당 미생물이 요구하는 최적생육온도 활용

산소	▶ 호기성균 : 배양기의 종류, 통기량, 공기의 압력, DO 등
	  - 발효기 에어필터 등의 주기적인 점검 필요
	▶ 혐기성균 : O_2 free
	  - 유산균 중 극혐기성 균주는 산소가 있을 시 배양상태 불량

균주	▶ 접종량 준수, 최적배양환경 조성
pH	▶ 각 균주별 요구하는 최적 pH 환경 조성 - pH 환경이 서로다른 균주간 대량배양 시 품질이 불량

가. 배양시설

1) 미생물 배양

   가) 미생물 배양
   - 미생물 배양이란 멸균된 배지에 배양하고자 하는 미생물을 이식하여 잘자라도록 하는 것

   나) 미생물을 배양에 필요한 환경
   - 우리 주변에는 수많은 미생물이 존재하지만 환경조건이 맞을 때 생장하며 맞지 않을 때에는 사멸하거나 휴면상태로 존재
   - 미생물에 따라 온도, 영양분, 수분, pH, 산소 등에 대한 요구도가 달라 이 환경을 맞춰주어야 미생물은 생장하고 분열하여 증식함

   다) 멸균
   - 121℃, 15~30분간 증기가열하여 잡균을 완전히 사멸시킨 조건
   - 멸균 후 잡균이 들어가 재오염이 일어나지 않도록 멸균·양압 상태를 유지시켜 재오염이 발생되지 않도록 조치
     - 배양기내 공기는 멸균공정 종료 후 에어필터를 통하여 살균된 공기공급
       · 일반적 외부 공기는 ㎥당 약 100,000개의 입자와 약 2,000개의 미생물 포함
   - 배양이란 이러한 멸균배지에 원하는 미생물 한가지만을 자라도록 하는 것(순수배양)을 말함
   - 간혹 혼합균 배양이 있으나 이는 각각의 미생물을 순수배양한 후에 혼합한 것임
   - 포자는 열에 대해서 강하므로 높은 온도와 긴 유지시간이 필요하며, 포자 및 균수는 온도가 높아지면 시간이 감소

〈표 8-3〉 살균과 멸균의 차이

살균(Pasteurization)	멸균(Sterilization)
온도나 과정이 강력하지 못해서 모든 균을 제거하지 못함.	모든 생명체가 제거되거나 죽은 상태 (어떤 환경에서도 미생물 증식 불가능)
곰팡이, 탄저균, 파상풍균, 아포균 등은 생존	온도 121도, 내압 1.2기압, 시간 20분 이상의 조건유지(→특수장비 활용)
병균을 죽이는 것을 의미, 유제품 및 세정제에 주로 표기	멸균이 끝나고 온도가 떨어질 때 음압이 걸리면 재오염 발생

<표 8-4> 세균의 사멸온도(예)

세균(spore)	온도(℃)×분	세균(spore)	온도(℃)×분
Bacillus anthracis 【탄저균】	105×5~7	*Thermophiles* 【고온균】	100×840 120×12 130×2.2
Bacillus subtilis 【고초균】	80×75시간 100×6~17	*E. Coli (vegetable cell)* 【대장균】	50×20~30
Clostridium botulinum 【보툴리누스균 (식중독)】	100×330 111×30~90 120×4~10	*Streptococcus thermophilus* 【불가리아 젖산균】	75×15

라) 순수배양(pure culture)
- 어떤 특정 미생물의 기본형태, 구조, 영양 요구조건, 성장에 적합한 환경, 대사산물, 다른 미생물과의 상호관계 및 병원성 등 여러 가지 성질을 알기 위하여 우선적으로 미생물을 순수배양 필요
- 순수 배양이라 함은 다른 종류의 생명체가 섞여있지 아니한 단일종의 미생물 집단이 있는 상태를 말함
- 자연상태로부터 단일종류에 미생물을 얻기 위해서는
  - 첫째, 다른 것으로부터 순수하게 분리되어야 하며,
  - 둘째, 순수 분리한 균을 적절한 환경에서 다른 미생물의 오염이 없이 배양(cultivation)하는 두 단계의 과정을 거쳐야 함

2) 미생물 배양에 필요한 장비

가) 발효장비(Fermentor)
- 발효장비 : 멸균이 가능한 스텐레스(STS) 재질의 압력발효조
  - 최소 2.7kg/cm²(2.7기압)의 압력을 견디도록 설계된 압력용기
  - 미생물 배양에 24~48시간 소요, 1회 배양에 3~5일 소요
  - 최소 4명 이상의 전문인력(8시간 또는 12시간 교대작업)

Ⅷ. 미생물 활용

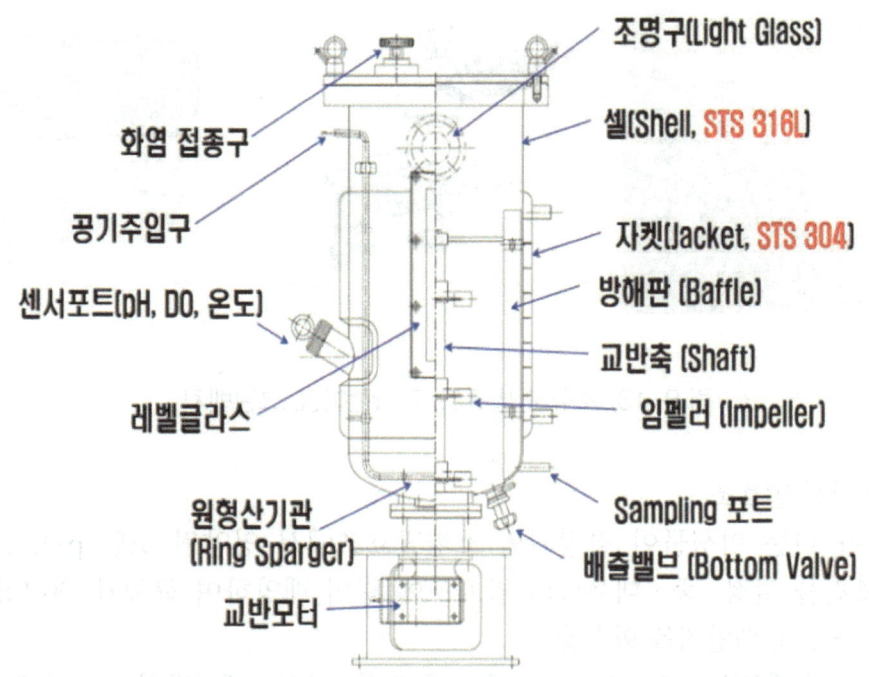

〈그림 8-11〉 멸균식 발효장비의 기본구조

멸균발효장비(이동작업대)

멸균발효장비(상단작업대)

〈그림 8-12〉 멸균발효장비

나) 부대설비(Utility)
- 스팀보일러 및 에어컴프레셔 등의 부대시설
  - 냉각수 공급설비(칠러)를 활용하여 발효기의 냉각시간 단축
  - 스팀보일러, 컴프레셔 등 고압장비는 전력소모량을 사전에 예측하여 설계
  - 난방시설 및 컴프레셔 등은 고열발생 장비로 고온기 외부환기를 고려
- 현미경: 배양 미생물의 오염여부 확인
- 크린벤치(무균작업대) : 종균 배양시 필요한 무균작업이 가능
  - 종균을 취급하는 실험실에서 곰팡이류의 포자(Fungi) 취급금지(→오염우려)
  - 무균작업대 내 공기는 내부순환형 작업대로 선정

 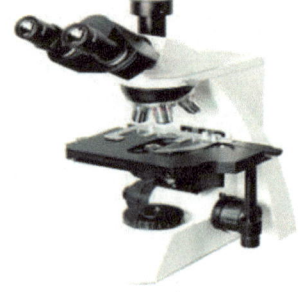 

소규모 발효조 　　　　광학현미경 　　　　크린벤치

〈그림 8-13〉 소규모 발효조, 광학현미경, 크린벤치

3) 배양목적에 따른 발효조
- 배양하고자 하는 미생물이 결정되면 소형발효조에서 영양원 조합 pH, EC, 온도 등 배양조건을 결정, 중·대용량의 발효조에 넣어 배양하여 균체가 최대량이 되는 정지기에 균체 및 배양액을 회수함
- 실험실 규모의 액상발효조 : 발효조건 규명을 위한 소규모 배양장치로 대량생산 조건을 확립하기 위함

> **참 고** 멸균배양장비(압력용기) 관련 법령

○ 열사용기자재 : 에너지이용 합리화법 시행규칙(2022.1.26.)

[별표 1] 열사용기자재(제1조의2 관련) 중 압력용기

압력용기	1종 압력용기	최고사용압력(MPa)과 내부 부피(㎥)를 곱한 수치가 0.004를 초과하는 다음 각 호의 어느 하나에 해당하는 것 1. 증기 그 밖의 열매체를 받아들이거나 증기를 발생시켜 고체 또는 액체를 가열하는 기기로서 용기안의 압력이 대기압을 넘는 것 2. 용기 안의 화학반응에 따라 증기를 발생시키는 용기로서 용기 안의 압력이 대기압을 넘는 것 3. 용기 안의 액체의 성분을 분리하기 위하여 해당 액체를 가열하거나 증기를 발생시키는 용기로서 용기 안의 압력이 대기압을 넘는 것 4. 용기 안의 액체의 온도가 대기압에서의 끓는 점을 넘는 것
	2종 압력용기	최고사용압력이 0.2MPa를 초과하는 기체를 그 안에 보유하는 용기로서 다음 각 호의 어느 하나에 해당하는 것 1. 내부 부피가 0.04세제곱미터 이상인 것 2. 동체의 안지름이 200미리미터 이상(증기헤더의 경우에는 동체의 안지름이 300미리미터 초과)이고, 그 길이가 1천미리미터 이상인 것

○ 검사대상 기기

[별표 3의3] 검사대상기기(제31조의6 관련)

구분	검사대상 기기	적용범위
보일러	강철제 보일러, 주철제 보일러	다음 각 호의 어느 하나에 해당하는 것은 제외한다. 1. 최고사용압력이 0.1MPa 이하이고, 동체의 안지름이 300미리미터 이하이며, 길이가 600미리미터 이하인 것 2. 최고사용압력이 0.1MPa 이하이고, 전열면적이 5제곱미터 이하인 것 3. 2종 관류보일러 4. 온수를 발생시키는 보일러로서 대기개방형인 것
	소형 온수보일러	가스를 사용하는 것으로서 가스사용량이 17kg/h(도시가스는 232.6 킬로와트)를 초과하는 것
압력용기	1종 압력용기, 2종 압력용기	별표 1에 따른 압력용기의 적용범위에 따른다.
요로	철금속가열로	정격용량이 0.58MW를 초과하는 것

○ 검사유효기간

[별표 3의5] 검사대상기기의 검사유효기간(제3조의8제1항 관련)

검사의 종류		검사유효기간
설치검사		1. 보일러: 1년. 다만, 운전성능 부문의 경우에는 3년 1개월로 한다. 2. 압력용기 및 철금속가열로: 2년
개조검사		1. 보일러: 1년 2. 압력용기 및 철금속가열로: 2년
설치장소 변경검사		1. 보일러: 1년 2. 압력용기 및 철금속가열로: 2년
재사용검사		1. 보일러: 1년 2. 압력용기 및 철금속가열로: 2년
계속사용검사	안전검사	1. 보일러: 1년 2. 압력용기: 2년
	운전성능검사	1. 보일러: 1년 2. 철금속가열로: 2년

나. 대량배양

1) 단계별 미생물 배양

 가) 미생물 배양단계

- 미생물 배양이란 단순히 순수 미생물을 배양하는 것만을 의미하는 것이 아니라 미생물이 기능성 대사물질(예. 효소, 항균물질 등)을 많이 생산될 수 있도록 해주는 것이 중요

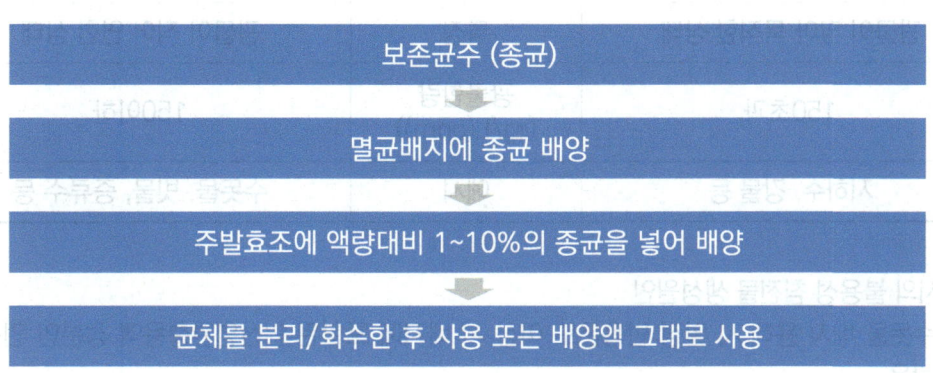

〈그림 8-14〉 미생물 배양 단계(단계별 오염확인 필수)

- 미생물 배양을 최적화 시키기 위해 배양 단계별 주의해야 할 점
  - 종균의 준비 : 특정기능이 우수한 유용미생물을 분리하거나, 또는 원하는 물질생산이 많은 미생물 개발
  - 배지의 최적화 : 배지 성분과 양을 잘 조합하여 가장 최적의 조합을 찾음
  - 배양방법의 최적화 : 배양시 통기량, pH(산도), 온도 등 배양조건을 최적으로 조절
  - 배양 후의 처리 : 미생물은 쉽게 사멸되거나 활성을 잃게 되므로 동결건조, 가열건조 또는 냉각 등 미생물의 특성에 적합한 방법으로 안정화시켜야 함
  - 미생물이 생산하는 유용한 대사물질을 밝혀내어 물질이 얼마나 생산되었는지 점검함(배양액의 품질점검, QC)
  - 배양액의 상태 : 배양종료 후 배양과정에서 오염이 발생하지는 않았는지를 점검함

《실정에 맞는 배지 선택기준》

○ 물 광물이온(칼슘, 마그네슘 등)들의 함량에 따른 배양관리
  - 경수 : 칼슘, 마그네슘 농도가 150mg/L(ppm)

〈물의 경도〉

경수(Light water, 輕水)	구분	연수(Soft water軟水)
광물이 많아 묵직한 상태	특징	광물이 적어 연한 상태
150초과	광물함량 (mg/L(ppm))	150이하
지하수, 강물 등	예시	수돗물, 빗물, 증류수 등

○ 배지의 불용성 침전물 생성원인
  - 수돗물 배지 용해 시 일정 반응온도 이상 시 배지에 포함된 인산염완충용액 성분인 인산염과 반응
    → 인산칼슘, 인산마그네슘의 불용성염 형성 후 침전
    → 칼슘, 마그네슘은 생물활동에 필요한 효소의 활성을 조절하는 중요인자
    → 미생물 세포분열 및 대사활동 지장 → 활력저하 → 품질저하

○ 해결방법
  - 대량배양용 물을 활용하여 배지 성능평가 후 배지선택
  - 수돗물(또는 지하수 등)에 배지를 용해하여 10분 후 침전물 형성 확인
    → 효모추출물에 의해 물의 색상이 투명한 연갈색이고 불투명한 갈색 침전물 형성 시 불용성 침전물 발생으로 간주
  - 별도 침전물이 형성되지 않으면 오토클레이브를 활용하여 멸균 후 침전물 발생여부 확인
  - pH를 반복적으로 확인하여 6.5~7.0 내외로 분포되는지 확인
    → 침전이 없는 경우 pH를 확인하여 범위차이가 나는 경우 1M HCl이나 1M NaOH를 사용하여 보정 후 사용
  - 침전물이 없는 경우 시범배양을 통하여 생균수를 측정하여 최종적으로 배지의 품질을 검정

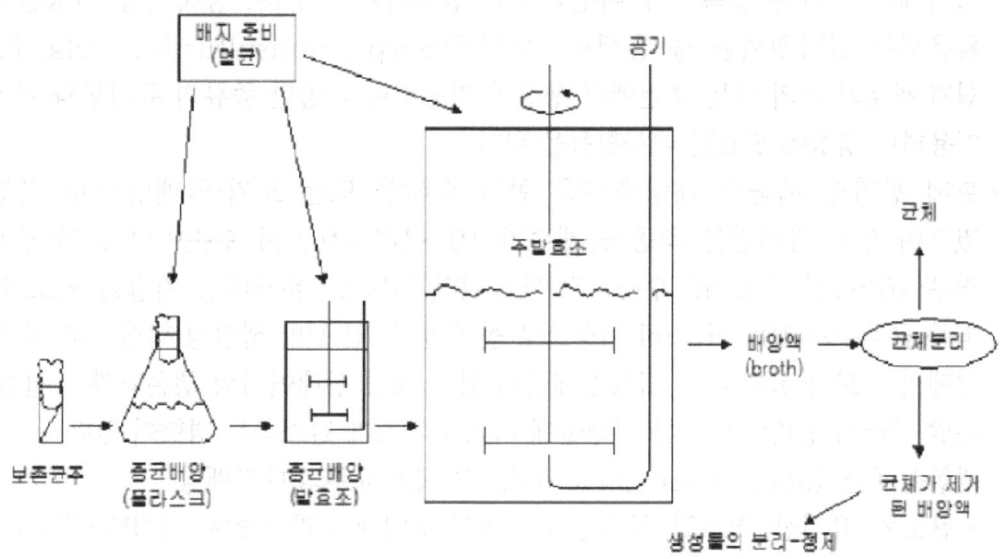

<그림 8-14> 미생물 발효 공정 단계

2) 대량배양 방법

가) 실험실 규모의 배양기를 이용한 발효
- 토양 미생물제제 등록된 미생물 농약의 일부가 포함
- 전문 인력과 전문적인 운용 방법이 필요
- 배양후 생산된 제품의 품질을 검사할 수 있어야하며 순수 배양된 것임을 검증할수 있어야 함
- 필요한 장비 및 인력
  - 배양조(0.5~2톤, 스텐레스 압력탱크, 멸균조작이 가능한 고가 장비, 교반, 통기, 온도조절, pH 전극 등이 부착)
  - 현미경, 클린벤치 등의 미생물 시험설비들이 구비되어야 함
  - 전문적인 미생물 배양지식을 가진 인력이 2인 이상 상주하여야 함

나) 광합성 세균의 배양방법(예시)
- 광합성 세균은 균체성분 중 단백질, 필수아미노산, 천연색소, 비타민 및 생리활성 물질을 다량 함유하고 있는 것으로 알려져 있다. 또한 광합성세균은 질소고정, 토양 비옥화, 작물생육촉진 등 효과와 축산 분야에서는 냄새 감소, 질병 예방 등 효과가 있다.
- 광합성 세균은 빛이 존재하는 혐기·광(photoheterotrophic) 조건에서 광합성작용에 의해 생장하지만, 이들 중 일부는 빛이 없는 호기·암chemoheterotrophic)

조건에서도 다른 종속영양 미생물처럼 생육하기도 한다. 농축산용 미생물제제로 활용되는 광합성세균 중 홍색비유황세균(purple nonsulfur bacteria, PSB)은 혐기·광호기·암의 모든 조건에서 생장이 가능하며 다양한 종류의 유기물과 무기물을 이용하여 생장에 필요한 대사활동을 한다.

- 현재 광합성 세균의 대량배양은 혐기·광배양 또는 호기·암배양으로 진행되고 있으며 혐기·광배양은 최종 균체수가 $10^7 \sim 10^8$ cfu/ml 수준이며 호기·암배양의 경우 $10^9 \sim 10^{10}$ cfu/ml 수준으로 배양된다. 고농도 유가배양 기술을 확보할 경우 최종 균체수가 10^{11} cfu/ml 이상으로 높아질 수 있으며, 생산성 향상으로 제품화 시 경제성 확보가 용이하다. 광합성세균의 경우 액상 상태에서의 생존력과 동결건조 후 분말 상태의 생존력이 다른 미생물에 비해 현저하게 감소하는 경향이 있다.

- 광합성세균 Rhodobacter sphaeroides PS-24 균주의 대량배양
  - 탄소원, 유기산, 질소원, 무기염류의 농도 구배에 따라 선발한 최적배지(10 g yeast extract, 1 g sodium acetate, 2.5 g NaCl, 2 g K2HPO4, 0.5 g MgSO4, per liter)를 대상으로 삼각플라스크를 이용하여 호기·암조건에서 배양한 결과 흡광도 2.31, 생균수 2.2×10^9 cfu/ml로 최고의 배양 효율을 나타내었으며, 상업용 배지를 이용하여 배양한 결과와 유사한 성장률을 보였다.
  - 최적배지를 대상으로 5L jar, 50L, 500L 발효기를 이용하여 Rhodobacter sphaeroides PS-24 균주의 호기·암조건에서 pilot-scale 대량배양을 수행하였다. 배양 용량의 1%를 접종원으로 하여 30℃, 120 rpm에서 48시간 동안 배양하였다. 또한 산소 공급량은 0.3 vvm으로 설정하였으며, 초기 pH 7.0에서 최종 pH 8.49~8.55로 배양이 종료되었다. 5 L jar 발효기에서 배양한 결과 최종 생균수는 1.7×10^9 cfu/ml, 50 L 발효기에서 배양한 최종 생균수는 2.8×10^9 cfu/ml, 500 L 대용량 발효기를 이용하여 호기·암조건에서 배양한 결과 최종 생균수는 3.7×10^9 cfu/ml로 측정되었다. 500 L 대용량 발효기에서 가장 높은 생균수가 조사되었으며, 이는 500 L 발효기의 통기량 및 온도 조절 기능이 5 L jar, 50 L 발효기보다 안정하기 때문에 가장 높은 균체 성장률을 나타낸 것으로 판단된다.

> **참고** 균종별 배지제조 및 미생물배양 실무

1. 유산균 배양

가. MRS 액체배지 제조
① 핸들비커에 증류수 300ml를 채운다.
② 배지 제조표를 기준으로 배지를 제조하고 준비해둔 핸들비커에 넣어 쉐이킹
③ 쉐이킹하는 동안 작은 삼각플라스크 2개를 준비한다.
④ 멸균지에 배지종류를 써서 플라스크에 붙인다.
⑤ 쉐이킹이 끝난 액체배지를 메스실린더에 옮기고 증류수 100ml를 붓는다.
⑥ 메스실린더의 액체배지를 핸들비커에 옮긴다.
⑦ 핸들비커의 액체배지를 메스실린더에 200ml담는다.
⑧ 메스실린더의 액체배지를 삼각플라스크에 담는다.
⑨ 6~7번 방법으로 삼각플라스크 1개를 더 채운다.
⑩ 면전으로 삼각플라스크 입구를 막는다.
⑪ 호일을 적당한 크기로 자른 후에 면전을 감싼다.
⑫ 고압멸균기에 넣고 멸균시킨다.
⑬ 멸균이 끝나면 온도가 떨어질 때까지 기다렸다가 실험실 안에 액체배지를 넣어둔다.

※ 그외 작업
- 플라스크용 면전 제조, - 피펫용 팁 멸균
- 유산배지 제조(500L), - 망간, 마그네슘 제조

• 유산균 1톤 배양 위한 1차 배지조성(플라스크 1개 분량)
- Soy Peptone: 2g, - Yeast Extract: 4g, - Dextrose: 2.2g
- buffer: 20ml, - sol Beiteu: 0.2ml, - 증류수: 200ml
- 작은 삼각플라스크 2개

나. 1차 배양
① 실험실 안의 클린벤치에 알코올 뿌리고 닦아준다.
② 마이너스 70℃ 이하 보관 ⓐ 4개를 꺼낸다.
③ ⓑ 배지조성대로 제조 후 고압멸균기로 멸균 작업한 2개와 ⓐ 4개를 클린벤치에 놓고 에어를 켜고 4~5분정도 녹인다.
④ 에어를 끄고 알코올램프를 클린벤치 중앙에 놓고 불을 켠다.
⑤ 알코올램프를 이용해 플라스크의 습기제거와 소독을 한다.

⑥ ⓑ의 면전을 열고 입구 소독 후에 ①을 투입한다.
 - 유산균: ⓑ 1개당 ⓐ 2개씩 접종
 ※ 접종 시 플라스크 측면에 종균 액이 최대한 닿지 않도록 주의
⑦ 접종한 플라스크는 인큐베이터 35℃. 18~24h 넣어둔다.
 ※ 수시로 체크

ⓐ 종균   ⓑ 1차 플라스크

- 1차 플라스크 배지 성분
  - 유산균: MRS 배지, - 효모: YPD 배지, - 효모: LB 배지

- 그외 작업
  - 플라스크용 면전 제조, - 피펫용 팁 멸균, - 유산배지 제조(500L)
  - 망간, 마그네슘 제조

다. 2차 배양
 ① 발효기 물을 빼고 스팀 소독한다.
 ② 물로 한번 헹구고 발효기에 물을 채운다.
 ③ 배지 제조표를 기준으로 배지를 제조하고 쉐이킹 기계로 섞는다.
  - 각자 흰가루, 노란가루 구분하여 후 섞는다.
 ④ 섞은 배지를 흰가루 먼저 넣고 노란가루를 ⓑ에 넣고 물 양을 맞춘다.
 ⑤ ⓑ잠그고 멸균시켜 준다.
 ⑥ 멸균시켜준 후 37℃ 때 접종 준비를 한다.
 ⑦ 인큐베이터에서 ⓐ을 준비하고 에어를 잠근다.
 ⑧ 발효기의 주입구 주변에 알코올을 뿌린 후 접종구를 통해 압을 뺀다.
 ⑨ 알코올솜을 접종구 주변에 올려 불을 붙인다.

⑩ 압이 다 빠진 후 주입구를 열어 준다.
⑪ 35℃ ⓐ 입구 부분을 불 위에서 멸균하고 ⓑ에 주입한다.
⑫ 접종구를 잠그고 알코올솜을 제거한 후 배양에 맞는 설정값으로 바꿔주고 18~24h 배양한다.
⑬ ⓐ남은 균을 현미경으로 확인하고 오염을 체크한다.

ⓐ 1차 작은 플라스크

ⓑ 원균배양기

- 70L 원균배양기 배지조성
  - Soy Peptone: 700g, - Yeast Extract: 1,400g, - Dextrose: 1,500g
  - Sodium Acetate: 350g, - Ammonium Citrate : 84g
  - Potassium Phosphate: 140g, - Manganese Sulfate: 3.5g
  - Manngesium Sulfate : 20g
- ※ 노란가루 성분
  - Soy Peptone, - Yeast Extract

라. 본 배양
① 원균배양기에서 배양을 마친 균을 샘플라인을 통해 받는다. (2/3정도)
② 현미경으로 오염도를 체크한다.
③ 오염도 이상이 없으면 원균을 ⓐ에 받는다.
④ ⓑ를 깨끗한 물을 뿌려 골고루 헹군 후 물을 받는다.
⑤ 급수가 진행되는 동안 배지표를 기준으로 배지를 제조한다.
⑥ 흰가루를 먼저 ⓑ에 넣고 교반기를 돌린다.
⑦ 망간, 마그네슘도 미온수로 녹여 함께 넣어준다.
⑧ 흰가루가 어느 정도 녹으면 노란가루를 넣어준다.
⑨ 배양할 만큼의 물의 양을 받고 ⓑ를 잠그고 살균한다.

⑩ 살균작업을 한 후 37℃가 되었을 때 발효기의 주입구 주변에 알코올을 뿌린 후 접종구를 통해 압을 뺀다.
⑪ 알코올솜을 접종구 주변에 올려 불을 붙인다.
⑫ 압이 다 빠진 후 주입구를 열어 준다.
⑬ 35℃에 ⓐ입구 부분을 불 위에서 멸균하고 접종한다.
 - 500L → 8L 접종
⑭ 접종구를 잠그고 알코올솜을 제거한 후 배양에 맞는 설정 값으로 바꾸고 18~24h배양한다.

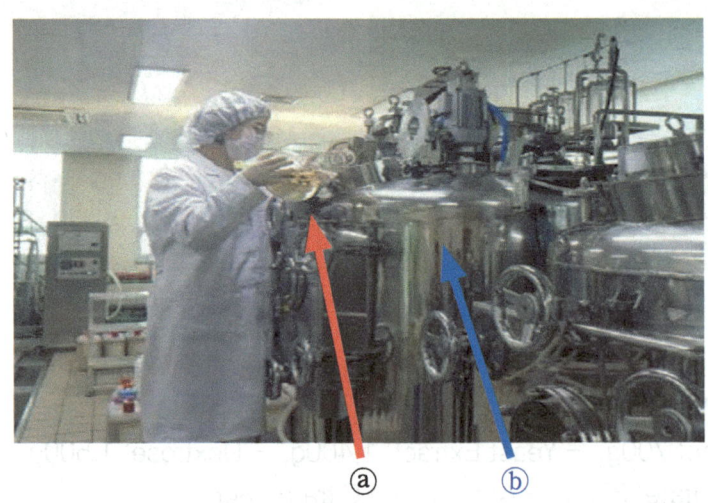

- 유산균 1톤 배양 위한 배지조성
  - Soy Peptone: 3,600g, - Yeast Extract: 8,400g
  - Dextrose: 13,200g, - Sodium Acetate: 1,200g
  - Ammonium Citrate: 1,200g, - Potassium phosphate: 1,800g
  - Citric Acid : 600g, - Ammonium Chloride: 600g
  - Sodium Bicarbonate: 960g, - Manganese Sulfate: 30g
  - Magnesium Sulfate: 240g

※ 노란가루 성분
  - Soy Peptone, - Yeast Extract

2. 효모·고초균 배양

가. 액체배지 제조
① 핸들비커에 증류수 500ml을 채운다.
② 배지 제조표를 기준으로 배지를 제조하고 준비해둔 핸들비커에 넣어 쉐이킹한다.
③ 쉐이킹하는 동안 작은 삼각플라스크 2개를 준비한다.
④ 멸균지에 배지종류를 써서 플라스크에 붙인다.
⑤ 쉐이킹이 끝난 액체배지를 메스실린더에 옮기고 100ml증류수를 붓는다.
⑥ 메스실린더의 액체배지를 핸들비커에 600ml를 옮긴다.
⑦ 핸들비커의 액체배지를 메스실린더에 300ml 담는다.
⑧ 메스실린더의 액체배지를 삼각플라스크에 담는다.
⑨ ⑦~⑧번 방법으로 삼각플라스크 1개를 더 채운다.
⑩ 면전으로 삼각플라스크 입구를 막는다.
⑪ 호일을 적당한 크기로 자른 후에 면전을 감싼다.
⑫ 고압멸균기에 넣고 멸균시킨다.
⑬ 멸균이 끝나면 온도가 떨어질 때까지 기다렸다가 실험실 안에 액체배지를 넣어둔다.

- 그외 작업
  - 플라스크용 면전 제조, - 피펫용 팁 멸균

- 고초균 1톤 배양 위한 1차 배지조성 (플라스크 1개 분량)
  - Soy Peptone: 3.6g, - Yeast Extract: 1.5g, - Sodium Chloride: 6.6g
  - 증류수 : 300ml, - 작은 삼각플라스크 2개

- 효모 1톤 배양 위한 1차 배지조성
  - Soy Peptone: 6g, - Yeast Extract: 3g, - Dextrose : 6.6g
  - 증류수 : 300ml, - 작은 삼각플라스크 2개

나. 1차 배양
① 실험실 안의 클린벤치에 알코올 뿌리고 닦아준다.
② 초저온냉동고에서 ⓐ 4개와 작업한 ⓑ를 클린벤치에 놓고 에어를 켜고 ⓐ를 4~5분정도 녹인다.
③ 에어를 끄고 알코올램프를 클린벤치 중앙에 놓고 불을 켠다.
④ 알코올램프를 이용해 플라스크의 습기제거와 소독을 한다.
⑤ ⓑ의 면전을 열고 입구 소독 후에 ⓐ을 투입한다.

※ 접종 시 플라스크 측면에 종균 액이 최대한 닿지 않도록 주의
⑥ 접종한 ⓑ는 진탕배양기에 18~24h 배양한다.
　※ 효모 30℃, 고초균 35℃ (수시로 확인)
⑦ 1차 접종한 균을 현미경으로 검사한다.

• 준비물
　- 알코올램프, - 바이알, - 진탕배양기, - 알코올

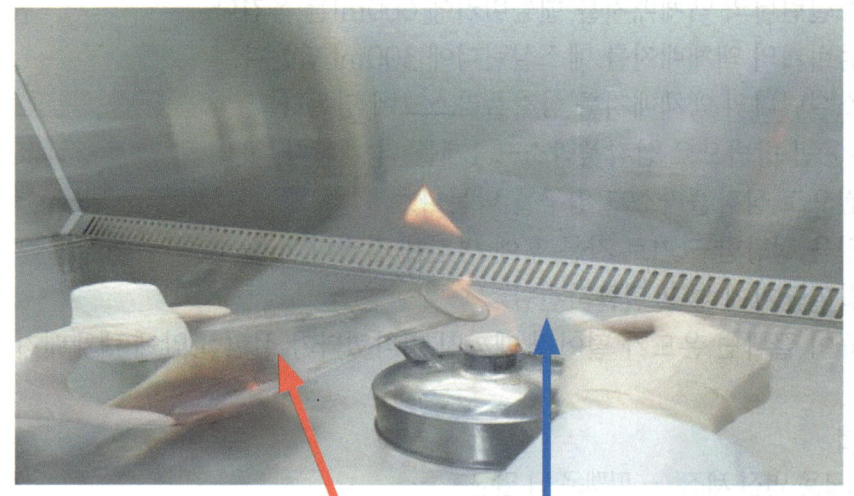

ⓑ 1차 작은 플라스크　ⓐ 종균(바이알)

다. 2차 배양
① 배지제조표에 맞게 ⓑ배양액을 만든다.
② 제조완료한 ⓑ를 멸균고압기를 통해 멸균시킨다.
③ 클린벤치에 알코올 분무하여 소독한다.
④ 클린벤치에 ⓐ과 ⓑ을 준비한다.
⑤ 알코올램프를 이용하여 플라스크의 습기제거 및 소독을 한다.
⑥ 작은 플라스크에 있는 배양균을 큰 플라스크에 균일하게 나눠 접종한다.
　- 작은 플라스크 1개 → 큰 플라스크 4개
⑦ 진탕배양기에 접종한 ⓑ를 넣어 4h 유지한다.
　※ 효모 30℃, 고초균 35℃

• 준비물
　- 효모 배양한 작은 플라스크, - 멸균한 큰 플라스크
　- 알코올램프

- 고초균 1톤 배양 위한 2차 배지조성(플라스크 1개 분량)
  - Soy Peptone : 8.75g, - Yeast Extrac t: 3.75g
  - Sodium Chloride: 3.75g, - 증류수 : 750ml, - 큰 플라스크 8개

- 효모 1톤 배양 위한 2차 배지조성(플라스크 1개 분량)
  - Soy Peptone : 13.33g, - Yeast Extract : 6.66g
  - Dextrose : 14.66g, - 증류수 : 666.66ml, - 큰 플라스크 8개

ⓐ 1차 작은 플라스크   ⓑ 2차 큰 플라스크

라. 본배양
① 본 배양기를 깨끗한 물을 뿌려 골고루 헹군 후 물을 받는다.
② 급수가 진행되는 동안 배지표를 기준으로 배지를 제조한다.
③ 급수 완료 후 소포제 투입 및 제조된 배지를 살살 뿌린다.
④ 원하는 배양액까지 급수 한 후 문을 잠그고 멸균시킨다.
⑤ 멸균이 끝난 후 효모 32℃, 고초균 37℃에 종균 접종 준비한다.
⑥ 발효기의 주입구 주변에 알코올을 뿌린 후 접종구를 통해 압을 뺀다.
⑦ 알코올솜을 접종구 주변에 올려 불을 붙인다.
⑧ 압이 다 빠진 후 주입구를 열어 준다.
⑨ ⓐ 입구 부분을 불 위에서 멸균하고 배양기에 접종한다.
⑩ 접종구를 잠그고 알코올솜을 제거한 후 배양에 맞는 설정 값으로 바꾸고 18~24h배양한다.
  ※ 효모 30℃, 고초균 35℃

• 고초균 1톤 배양 위한 배지조성
  - Soy Peptone : 5,000g, - Yeast Extract : 10,000g
  - Dextrose : 3,330g, - Sodium Acetate : 10,000g

• 효모 1톤 배양 위한 배지조성
  - Soy Peptone : 2,000g, - Yeast Extract : 10,000g
  - Dextrose : 20,000g, - Potassium phosphate: 300g
  - Magnesium Sulfate: 50g

ⓐ 2차 큰 플라스크   ⓑ 본 배양기

3. 미생물 검사

가. 고체배지 만들기
  ① Agar배지를 준비한다.
  ② 작은 삼각플라스크 2개와 메스실린더, 핸들비커를 준비한다.
    - 삼각플라스크에 증류수 300ml을 준비한다.
  ③ 삼각플라스크에 마그네틱바를 알코올 소독 후 넣는다.
  ④ 저울에 유산지를 접어서 올려놓는다.
  ⑤ 유산지 위에 Agar 21g(MRS), 12g(LB), 19.5(YPD)을 계량한다.
  ⑥ 계량한 Agar를 삼각플라스크에 넣고 플라스크를 자석교반기 위에 올려 배지를 녹여준다.
  ⑦ 삼각플라스크를 고압멸균기에 넣어 멸균한다.
  ⑧ 멸균 후 고압멸균기 온도가 60℃ 일 때 클린벤치로 이동한다.
  ⑨ 미리 준비한 멸균 플레이트에 습기를 제거한 플라스크의 배지를 붓는다.
    ※ 플레이트의 1/2정도 채운다.

⑩ 클린벤치에서 플레이트의 배지를 굳힌다.
⑪ 완전히 굳은 고체배지를 랩으로 밀봉하여 냉장 보관한다.
　※ 날짜, 배지종류 기입

- 고체배지 용량 및 성분(증류수 100ml기준)
  - 유산균 : 7g MRS 배지,　- 고초균 : 4g LB 배지
  - 효　모 : 6.5g YPD 배지

나. Smear 작업
① 배양기의 미생물을 절반 정도 공급 했을 때 시료를 채취한다.
② 멸균식염수 7개를 준비하고 1,000ul 피펫과 팁을 준비한다.
③ 멸균식염수에 균 종류와 번호를 적어둔다.
④ 시료에서 피펫으로 균을 채취하고 1번 멸균식염수 넣고 흔들어준다.
⑤ 팁을 바꾸고 1번 식염수의 균을 피펫으로 채취한 후 2번 식염수로 옮긴다.
⑥ ⑤의 방법으로 7번 식염수까지 작업한다.
⑦ 클린벤치를 알코올로 닦아준 후 5번, 6번, 7번의 식염수를 가지고 클린벤치로 이동한다.
⑧ 100ul 피펫과 스프레더, 알코올램프, 고체배지를 준비한다.
⑨ 알코올램프를 중앙에 놓고 불을 붙인다.
⑩ 5번 식염수를 가볍게 흔들어 섞어준 후 피펫으로 채취한다.
⑪ 고체배지 위에 채취한 식염수를 떨어뜨린 후 스프레더로 골고루 펴 바른다.
⑫ 뚜껑을 닫고 5번 식염수 작업처럼 6번, 7번도 동일하게 작업한다.
　- 5번, 6번, 7번 각 2개씩 Smear 작업
⑬ 작업이 다 끝난 후 인큐베이터에서 24h 배양한다.
　- 유산균, 고초균 : 35℃, 효모, 광합성균 : 30℃

- 준비물
  - 희석용 멸균식염수(9mL),　- 피펫, 피펫팁,　- 알코올램프

IX. 축사 및 하천주변 드론 방역

IX. 축사 및 하천주변 드론 방역

1. 개요

- ASF(아프리카돼지열병), AI(조류인플루엔자) 등 가축전염병 발생에 대한 축산농가의 불안감 고조
  - 차량 등 지면접촉 감염전파 우려 해소와 단시간 광범위 소독기술 필요
- 축사 및 철새 도래지 등 광범위하고 접근성이 떨어지는 지역의 방역기술 필요
- 최근 농업용 드론을 보유한 농가 및 지자체가 증가되고 있어 축산분야 드론 활용방법 확산 필요

2. 농업용 드론

- 드론의 정의 : 조종자가 탑승하지 않고 원격 조종, 자율 항법으로 정해진 임무를 수행할 수 있는 무인 비행체 및 무인항공기
- 농업용 무인항공기 : 무인헬리콥터, 무인멀티콥터, 무인고정익비행기 등
  - 무인항공살포기로는 파종, 시비, 방제 등 농작업에 사용되는 무인헬리콥터(무인헬기)와 무인멀티콥터(드론)가 있음
    * 농업용 드론은 GPS, 임베디드 SW, 카메라, 센서, 살포 장치 등을 탑재하여 실시간 환경정보 수집·분석, 파종, 살포, 생육상태 측정 등에 사용하는 장비

〈소형 관측용 드론〉　〈대형 관측용 드론〉　〈파종용 드론〉　〈방역용 드론〉

3. 방역용 드론 운영방법(조류인플루엔자 차단방역 사례 중심)

- 방역지역 및 주변환경 점검
  - 조종자와 부조종자 2인 1조로 운용
    ※ 부조종자는 조종자의 착시현상을 방지하며 비상상황(추락 또는 불시착)에 대처를 원활히 하도록 함
  - 방역관리구역의 면적 및 굴곡 등 도상조사 실시

※ 방역관리구역 주소 확인 및 범위 등 위치파악이 선행되어야 함
- 사전 현장방문 통한 시야확보 및 이착륙지 확인(둑길 내 주차공간 포함)
    ※ 주변 농작물, 시야방해물(늘어진 나뭇가지) 및 전깃줄, 콘크리트 구조물(자기장) 등
- 관측용 드론을 활용하여 전 관리구역을 촬영 점검(추천)
    ※ 조류 종류, 서식지 및 휴식공간 확인 및 방역위치 육안으로 확인

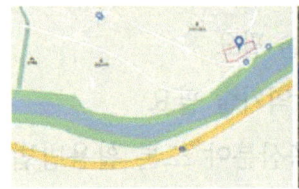   

〈대략적인 주소 확인〉　　〈면적 산정〉　　〈관측용 드론 활용〉　　〈조류 및 발자국〉

- 비행기체 점검
    - 현장 투입 전 소독약 살포펌프 작동 및 시험비행 실시
        ※ 내부의 공기압력 배출 및 시운전을 통한 내부 이물질 제거 등 살포기능 점검
    - 현장 준비물 확인
        ※ 기체, 조종기, 드론배터리(6조 이상, 방전률 25C 이상), 배터리체커
        ※ 방역복, 방역부츠커버, 안전모, 마스크, 풍속계, 거리측정기, 호루라기, 핫팩(배터리용)
        ※ 권장희석량에 준해 희석한 소독약제(20L × 2통 기준), 계량컵(10L)

- 비행 중 점검

 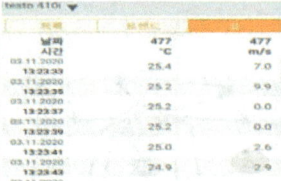  

〈풍속계 사용〉　　〈풍속 확인〉　　〈짙은 안개〉　　〈이륙직후 배터리잔량〉

- 하천 주변은 안개가 자주 끼므로 시야가 충분히 확보되기 전까지 비행금지
- 이착륙지 주변에 나뭇가지 등 장애물을 사전에 제거
- 현장 도착 후 소독범위를 육안으로 확인 후 좌우로 250m씩 범위를 설정 후 깃발로 표시
- 풍속계 등으로 기상상태를 점검한 후 90% 용량의 소독약 주입 등 비행준비 실시
    ※ 소독약 적재 이륙시 총 배터리용량의 20~50%까지 소모됨. 권장용량 이상 적재 시 배터리 부족신호가 발생되기도 함. 그러므로 용량을 줄이고 비행횟수를 늘리는 것이 좋음

- 조종기를 켜고 기체에 배터리를 연결한 후 기체 전원이 켜진 상태와 GPS 수신상태 확인
- 조종기내 기체의 배터리용량(통상 약 52V)을 확인한 후 지상에서 살포모터 작동 점검
- 수직으로 천천히 이륙 후 정지비행상태에서 배터리용량 확인 후, 살포위치로 수평비행
   ※ 소독약 적재 이륙시 총 배터리용량의 20~50%까지 소모됨. 권장용량 이상 적재 시 배터리 부족신호가 발생되기도 함
- 소독약 분사량을 최대로 설정한 후 살포작업 실시
   ※ 중량을 빨리 줄여주는 효과가 있으며 충분한 소독약 분사로 소독효율 증가

〈거리측정계〉

〈원거리 비행〉

〈건너편 방역〉

〈전깃줄, 나뭇가지, 교량〉

- 하천건너편 원거리 방역할 때 거리측정기 관측 또는 직접 답사하는 것이 좋음
   ※ 예상치 못한 장애물에 의한 사고를 예방하기 위해 접근성이 좋은 경우 직접 답사

• 비행 후 점검
   - 배터리 회수, 기체 이상점검 및 살포기내 압력 제거 후 물로 살포기내 소독약제 제거
   - 방역복 및 방역부츠커버 폐기 등 주변 쓰레기 처리

[참고자료]

1. 농촌진흥청, 2013, 친환경축산관리실 운영매뉴얼
2. 농촌진흥청 국립축산과학원, 2007, 눈에 보이는 축산유용미생물 활용법
3. 농촌진흥청 국립농업과학원, 2017, 농업미생물 활용 기술서
4. 바이오사이언스, 2011, Brock의 미생물학
5. 농림축산식품부 고시, 2022.3.11., 사료 등의 기준 및 규격
6. 농촌진흥청 고시, 2021.11.24., 비료 공정규격 설정
7. 농촌진흥청 고시, 2021.11.24., 비료의 품질검사방법 및 시료채취기준
8. 농림축산검역본부 예규, 2017.12.29., 동물질병 표준진단요령
9. 산업통상자원부령, 2022.1.26., 에너지이용 합리화법 시행규칙
10. 농촌진흥청 국립축산과학원, 2020, 축사 냄새저감 프로젝트 시범사례
11. 농촌진흥청 공동연구과제 보고서, 2022, 무인기 이용 동계 사료작물 정밀재배 및 초지조성 관리기술 개발

편 집 인	농촌지원국장 서 효 원
기획편집	재해대응과장 노 형 일 채의석, 이우일, 김남실, 김기형, 강미형, 전재용, 양미숙, 김쌍수, 박명일, 조예슬, 성보미, 이용신, 팽애유, 윤세아, 박현경, 장선식, 한덕우, 권경석, 황옥화, 박종문, 김형철, 조성백, 이병철, 윤대훈, 김봉순, 김창한
감 수	국립축산과학원 양승학 박사

친환경축산관리실 운영 매뉴얼

초판 인쇄 2023년 03월 14일
초판 발행 2023년 03월 18일

저 자 농촌진흥청
발행인 김갑용

발행처 진한엠앤비
주소 서울시 서대문구 독립문로 14길 66 205호(냉천동 260)
전화 02) 364 - 8491(대) / 팩스 02) 319 - 3537
홈페이지주소 http://www.jinhanbook.co.kr
등록번호 제25100-2016-000019호 (등록일자 : 1993년 05월 25일)
ⓒ2023 jinhan M&B INC, Printed in Korea

ISBN 979-11-290-4605-5 (93520) [정가 13,000원]

☞ 이 책에 담긴 내용의 무단 전재 및 복제 행위를 금합니다.
☞ 잘못 만들어진 책자는 구입처에서 교환해 드립니다.
☞ 본 도서는 [공공데이터 제공 및 이용 활성화에 관한 법률]을 근거로 출판되었습니다.